宁夏水文化丛书

重修中卫七星渠本末记·点注本

刘建勇　等　注释

黄河水利出版社

· 郑 州 ·

图书在版编目（CIP）数据

重修中卫七星渠本末记：点注本／刘建勇等注释. — 郑州：黄河水利出版社，2018.8

（宁夏水文化丛书）

ISBN 978－7－5509－2115－3

Ⅰ.①重… Ⅱ.①刘… Ⅲ.①灌区－水利史－中卫市 Ⅳ.①S279.243.4

中国版本图书馆 CIP 数据核字（2018）第198573号

出　版　社：黄河水利出版社　　　　　　　　　　网址：www.yrcp.com

　　　　　　地址：河南省郑州市顺河路黄委会综合楼14层　　邮编：450003

发行单位：黄河水利出版社

　　　　　　发行部电话：0371-66026940、66020550、66028024、66022620（传真）

　　　　　　E-mail：hhslcbs@126.com

承印单位：河南瑞之光印刷股份有限公司

开本：710 mm×1 000 mm　1／16

印张：23.75

字数：256千字　　　　　　　　　　　　印数：1—3 000

版次：2018年8月第1版　　　　　　　　印次：2018年8月第1次印刷

定价：78.00元

《宁夏水文化丛书》总编委会

《重修中卫七星渠本末记·点注本》 编委会

注 释　刘建勇　王　飞　毛永芳　陆　超
　　　　杨少波　孙生彪　周嘉玲　王　越
　　　　胡庆博

总序

　　文化是一个国家、一个民族的灵魂，也是人民群众的精神家园。水文化作为中华文化和华夏文明的重要组成部分，是水利事业持续发展的思想旗帜和动力源泉。宁夏引黄灌溉始于秦汉，历经朝代更迭从未中断发展。千百年来，引黄古渠生生不息、血脉流润，造就了沟渠纵横、稻谷飘香的"塞上江南"，孕育了独具特色、辉煌璀璨的水历史文化，是黄河农耕文明的生动体现，已成为宁夏人民自强不息、厚德载物、开放包容的精神食粮。

　　水是生命之源、生产之要、生态之基，也是经久不衰的文化母题。在长期治水实践中，涌现了大量杰出的治水人物，积累了丰富的治水、用水、管水经验，为区域社会经济发展作出了突出贡献，为文学创作提供了丰富素材和广阔空间。历代治水先贤、文人墨客关注水利、热爱水利、讴歌水利，创作了大量具有深刻思想内涵、独特艺术魅力、强烈地域特征、鲜明水利特色的珍贵作品，仅唐代以来创作的水利诗词达300余首、碑记40余篇，另有奏谕、书论、律令、传记、轶事等200余篇，为推进水利事业发展提供了强大精神动力。

　　天赐大河，水脉传承。2016年10月，宁夏回族自治区水利厅党委为进一步传承和弘扬水文化，启动了宁夏引黄古灌区申报世界灌溉工程遗产工作。在宁夏回族自治区党委、人民政府的高度重视和水利部、国家灌排委的指导帮助下，"申遗"工作高位推动，取得成功。2017年10月10日，宁夏引黄古灌区正式列入世界灌溉工程遗产名录，不仅填补了宁夏申报世界遗产的空白，更向世界亮出了宁夏"金"字名片。为了让历史悠久、底蕴深厚的塞上水文化更加生动直观地展现于世人面前，我们组织人员对宁夏水历史和水文化进行系统研究、深度挖掘，形成了一批反映宁夏水利璀璨文化的素材和成果，以《宁夏水文化丛书》的形式陆续编撰出版。相信这些精品力作的问世，将为宁夏水文化建设增添一笔宝贵财富，开创具有时代特征和行业特色的水文化建设新局面。

站在新的历史起点上，波澜壮阔的治水兴水实践，必将会产生更为丰厚的文学创作素材，搭建更为广阔的文化展示平台。衷心希望社会各界能更多地关心、关注宁夏水利，积极创作出更多的水利文化作品，凝聚起助推水利事业转型升级发展的强大合力，为文化兴宁、产业兴宁、开放兴宁、实干兴宁做出新的、更大的贡献。

宁夏回族自治区水利厅

2018 年 8 月

▌前言

　　河渠为宁夏生民命脉，其事最要。中卫"左联宁夏，右通庄浪。东阻大河，西据沙山"，自古就是交通要塞和军事重镇，汉代始置县，唐代为雄州，宋属昌化镇，元设应里州，明设军事建置"中卫"，清雍正二年（1724年）设中卫县，是中国丝绸之路北线的重要驿站。濒临黄河，渠道众多，灌溉农业十分发达。光绪二十五年（1899年）正月王树枬受陕甘总督陶模、陕西巡抚魏光焘保举任中卫知县，接印禀辞时，陶模嘱托"中卫诸渠以七星渠为最大，缘受山水之害，荒废数十年，工巨费重，无人倡议修复者"，要求其"到任履勘，能否重修，据实详复"。王树枬到任后，经过全面勘查、细致分析、统筹考虑，议定维修方案，妥善地解决了黄河泄洪、山水冲击等多项技术难题，历时近四年时间，对七星渠进行了全面整修，并将重修七星渠所撰写的书、禀、谕、示等公文与水利施工制度、工艺汇编成《重修中卫七星渠本末记》（以下简称《本末记》）。《本末记》详细记录了在渠口修筑进、退水闸各三座，修筑低堰，导洪入河，在小径沟改修飞桥，在红柳沟重修暗洞等修筑全过程，渠道修成后"数十万亩荒田，尽成沃壤"，造福百姓，利国利民。

　　2017年年末，机缘巧合下与王树枬后人取得联系，经协商沟通喜得《本末记》一书，此书是迄今民国之前宁夏水利唯一仅存专著。书中对清代水利维修管理、水工修筑技术、渠道施工工艺等方面进行了详细记述，对研究清代及以前的宁夏水利工程建设工作具有较高的史料价值。由于全书用文言文写成，没有断句标点，阅读理解较为因难。为便于研究推广，更好地传承治水先贤留给我们的宝贵遗产，组织人员对《本末记》进行了点注。在点注过程中，坚持实事求是的科学态度，既考虑方便阅读理解，又尽量保留旧书原貌，不作增删、调整、改动。在整理工作中遵照以下点注原则：

1. 按照文意对《本末记》全文进行分段、断句、加标点符号。标点符号以《标点符号用法》（GB/T 15834–2011）为标准。

2. 改正《本末记》中明显的错字，保留有疑义的错字，并加以注释。

3. 对《本末记》中的古体字、异体字、繁体字原则上改为规范的简体字。

4. 对《本末记》中的水利名词、水利术语、水利事件、水利机构、水利官职以及与书中内容直接相关的县级及以下的行政区划等进行重点注释。

5. 对《本末记》中出现的相关人物，能够在史料中查找到的进行注释。

6. 对《本末记》中今不常用的度量衡单位进行注释。

7. 对《本末记》中涉及到的公文用语进行注释。

《重修中卫七星渠本末记·点注本》得以顺利出版，得到了国家图书馆及王树枏后人的大力支持，在此一并表示感谢。

由于能力水平有限，加之时间仓促，本书之点注、审校工作，难免存在疏漏失当之处，恳希批评指正。

编 者

2018 年 8 月

▎七星渠简介

　　七星渠是宁夏中宁县黄河南岸最大的一条干渠，原渠口在泉眼山下，相传泉眼山下有泉七眼，形若列星。又说因渠口居六渠之首（即柳青、贴渠、大滩、李滩、孔滩、田滩），形若七星而得名。有始创于西汉天汉元年（公元前 100 年）之说。七星渠的名称最早见于明《宣德宁夏志》"七星渠，黄河东，自闸至尾长二十二里，支水灌田二百二十三顷八十亩"。现自宁夏中卫申滩引水，流经沙坡头、中宁和青铜峡三市县（区），至峡口镇新田村入黄河。

　　明正统四年（1439 年），宁夏巡抚督御史金廉言"镇有五渠、资以引溉，今鸣沙洲七星、汉伯、石灰三渠久塞，请用夫四万疏浚，溉芜田四千三百余顷"。据《（嘉靖）宁夏新志》记载，卫宁灌区有正渠 13 条，其中七星渠长 43 里，灌溉面积 2.1 万亩。明天启七年（1627 年）西路同知韩洪珍于泉眼山旧渠口上 3 里另凿新口，建宜民等四闸。清康熙年间西路同知高士铎修石质进水闸，修建流恩、盐池二闸，挑浚萧家沟、冯城沟两环洞，除山水之患。雍正十二年（1734 年）宁夏道钮廷彩于红柳沟建暗洞，上为石槽引水下行，扩灌白马滩至张恩堡农田 3.08 万亩。乾隆十六年（1751 年）红柳沟暗洞水毁，知县金兆奇修复。乾隆二十一年（1756 年）西路同知伊星阿、知县黄恩锡复修红柳沟暗洞、冯城沟环洞。光绪二十五年（1899 年）中卫知县王树枬于渠口下鹰石嘴，建进水闸一座四墩三孔，退水闸一座三墩二孔，新开渠三里接旧渠，又于清水河入黄河口处筑映水大埪一道（即山河大坝），展修红柳沟暗洞，

1

恢复白马荒滩农田三万余亩。

民国七年（1918年）渠绅王祯筹款在鹰石嘴进水闸上游修建3孔进水石涵洞，金刚墙1道，后山洪冲毁，渠绅王汝霖、张从善重修。民国十八年（1929年）渠办王成绩建洪福、发明、洪绩闸。至建国前七星渠灌溉面积6.7万亩。

新中国成立后，1955年开工建设单阴洞沟、双阴洞沟、红柳沟渡槽，其中单阴洞沟渡槽长36.23米，双阴洞沟渡槽长38.2米，红柳沟渡槽长108.6米，彻底消除了山洪对渠道的威胁。1954~1958年通济、柳青、康滩等渠裁并由七星渠引水。1958年将临河料石涵洞改为4孔排针式明闸，作为引水口，其下游300米新建进退水闸各4孔，安装木平板闸门，习称"老渠口闸"。1965年合并新南、新北支渠，由七星渠供水。1966年5月古城水轮泵站建成提水，灌溉古城一带农田6000余亩。1973年10月，七星渠口上移至中卫申滩，扩整羚羊夹渠14.5公里，新开渠道15公里，将羚羊夹渠口扩建为七星渠口，新建3孔进水闸。1975年春，开工建设高干渠工程，设计总长27.8公里，同时同心扬水工程开工。1978年5月七星渠上段延伸扩整工程竣工，同心扬水工程正式通水。1985年洪水冲毁红柳沟渡槽防洪码头及40余米护岸，后修复。1989年七星渠中宁段特大山洪冲毁双阴洞沟渡槽，经抢修用木槽代替槽壳运行，确保下游作物灌溉，后进行彻底修复。1991年利用世界银行贷款项目，对七星渠上段进行扩整，为同心扬水大战场泵站增加供水3.5立方米每秒。2000年1月七星渠上段扩整工程开工，完成干渠9.3公里渠道整治，同时对老渠口至柳青渠口段4公里标准化渠堤及建筑物改造。2001年3月完成吴桥至王台桥2.8公里渠道防渗砌护工程，改造建筑物24座。2006年完成黄湾桥至吴桥渠底砌护工程，砌护长度968米。

历经渠道扩整、裁并旧渠、山洪治理、续建配套与节
水改造等项目的实施，对七星渠渠道及配套建筑多次进行
扩整和改造。现干渠长120.6公里，设计流量61立方米/秒，
承担着自流灌区32.4万亩农田灌溉和中部干旱带三大扬水
工程供水任务。

七星渠进水闸

七星渠老渠口闸

七星渠单阴洞沟渡槽

七星渠双阴洞沟渡槽

七星渠红柳沟渡槽

▌王树枏简介

王树枏（1851~1936年），汉族，字晋卿，晚号陶庐老人，直隶新城县（今河北高碑店市）人，近代经史学家、方志学家、文学家。其祖父王振纲为道光十八年（1838年）进士，会元及第，时任直隶总督曾国藩欣赏其才学，聘其为莲池书院山长。其父王铨，字子衡，号松舫，乙卯科举人，选授东安县教谕，封光禄大夫。王树枏自幼聪慧好学，在  莲池书院就读期间授业于主讲黄彭年和吴汝纶。

光绪十二年（1886年）王树枏进士及第，钦点分户部广西主事，受吴汝纶"一官一邑可为民造福，京官碌碌徒劳岁月耳"思想影响，主动请求担任地方官。后部选四川青神县知县，赴任途中至天津谒见直隶总督兼北洋大臣李鸿章，李鸿章对王树枏讲，青神县为四川极为艰苦之地，函告川督刘仲良推荐王树枏执掌四川尊经书院。而怀揣一颗为民造福、治国安邦之心的王树枏婉拒了李鸿章一番好意。自此开始了他在中国西部地区长达二十四年的宦海沉浮。

　　光绪十三年（1887年），到青神县接印，坐堂审案，用先儒理学教化不法乡绅，丈量土地，制定《清丈堰亩章程》，治理鸿化堰。任资阳知县时，实行审案责任人旁听制。任新津知县时强化社会治安，抑制了盗匪猖獗。后又历任富顺、铜梁等地知县。王树枬在任期间清正廉洁，恪尽职守，勤勉图治，因政绩卓著而享誉西南地区。但由于对邪恶势力的严厉打击，王树枬遭到了诬陷，虽然最终查无此事，但还是在光绪二十年（1894年）结束了四川的任职。后入两江总督张之洞幕府，办理防务、兴办洋务、兼办奏折。期间，王树枬与洋务派人士密切接触交往，以后的思想发展及著作都沿着洋务派"中体西用"轨迹进行，甲午战争的失败更促成他思想转变，他期冀改革社会，通过变法图强使中国富强于世界。

　　光绪二十二年（1896年），张之洞向陕甘总督陶模推荐王树枬，自此王树枬幸遇"余之第一知己上司"，为感念陶模对自己的知遇之恩，在陶模去世后把自己的书斋定名为"陶庐"，晚号"陶庐老人"。随后王树枬入陕帮助陶模处理军机政务，主管奏折办理等事务，在这里王树枬不仅发挥了自己的政务能力，还完成了《彼得兴俄记》《希腊春秋》等著作。光绪二十五年（1899年）正月，受陶模保举，因有重修四川青神鸿化堰的经验，署理中卫县知县。在他任职期间，重修了废弛八九十年的七星渠，妥善解决了渠道易受山洪冲毁的难题，并在白马通滩开渠80余里与七星渠相接，恢复和发展了当地农业生产，造福一方百姓。在修渠资金筹措上，王树枬不拘旧制，提出先将仓粮变价支付渠工，渠成后由受益土地所有者摊还，"不费国家一钱，而国课骤增，邑以大富"。同时，编印《重修中卫七星渠本末记》一书，系统整理、记述了修渠全过程，该书为后世兴修水利提供了借鉴，留下了宝贵史料。离任时，百姓念其遗德，"仍建生祠，定期和会，川陇传为嘉话"。

光绪二十九年（1903年）十二月任平庆泾固道，创办陇东官立中学堂，亲为教习，以德垂范，始为平凉一中之滥觞。光绪三十年（1904年）二月制军檄署巩秦阶道，光绪三十一年（1905年）七月任兰州道。任职兰州道期间，针对厘金制税收诸多弊端，从革除布匹交易抽税入手，实行裁厘统捐。隔省设立大布统捐局，制定统捐章程，裁撤局卡，一次收税，不再重征，大幅提升了甘肃财政税收，促进了地方各项事业发展。

光绪三十二年（1906年）升任新疆布政使，这也是他从政生涯中最为重彩的一笔。在经济方面，他大胆改革，重定《南疆粮草章程》，改革金融货币，创设大清邮政局，筹划修筑新疆铁路，开创了新疆近代石油工业、桑蚕丝纺业，极大推动了新疆的社会改革和发展。在教育方面，创办将弁学堂，财政支持各类学堂办学，纠正教育弊端。在对外政策上，坚决抵制沙俄对我国的巧取豪夺，捍卫了国家主权和领土完整。

宣统元年（1909年）新疆成立通志局，邀请已卸任的王树枏出任总纂，编纂了《新疆图志》《新疆国界志》等方志。民国三年（1914年），任清史馆、国史馆总纂，于《清史稿》编纂出力甚多。民国十七年（1930年），应张学良和杨宇霆之邀执掌奉天萃升书院。民国二十五年（1936年）卒于北平，葬于北京西山红山口龙背村，享年八十六周岁。

▌目录

重修中卫七星渠本末记　卷上

重修中卫七星渠本末记　卷中

重修中卫七星渠本末记　卷下

重修中卫七星渠本末记　原版

重修中卫七星渠本末记　卷上

中卫知县　王树枬辑

光绪二十四年冬杪^①，督部^②陶公^③檄余署理^④中卫^⑤知县。禀辞时，公谓：中卫诸渠以七星渠^⑥为最大，缘受山水之害，荒废数十年，工巨费重，无人倡议修复者。嘱余到任履勘^⑦，能否重修，据实详复。余查七星渠凡受山水之害四道^⑧，水性碱卤，淤渠坏田，而渠口山河^⑨直冲渠之咽喉，为害尤巨。

光绪二十四年，前宁夏道胡廉访景桂^⑩筑一山河大坝，

① 杪：原文作"抄"，指年月或四季的末尾。

② 督部：清代对总督的称呼，清朝时对统辖一省或数省行政、经济及军事的长官称为总督。

③ 陶公：即陶模，公元1835~1902年，字方之，一字子方，秀水（今嘉兴）人，时任陕甘总督。清同治七年（1868年）进士，改翰林院庶吉士，初任甘肃文县、皋兰知县。光绪元年（1875年）冬任秦州知州，十年署甘肃按察使，次年擢直隶按察使，十四年迁陕西布政使，护理陕西巡抚，十七年迁新疆巡抚，后署陕甘总督，二十六年调两广总督。

④ 署理：代理。

⑤ 中卫：即中卫县，清雍正二年，以宁夏中卫改县，辖境即今宁夏沙坡头区、中宁县和青铜峡市西南部。

⑥ 七星渠：位于宁夏中卫市黄河右岸，有始创于西汉天汉元年（公元前100年）之说，七星渠之名最早见于明宣德年间。现自中卫申滩引水，流经沙坡头、中宁和青铜峡三市县（区），至峡口镇新田村入黄河。现干渠长120.6公里，设计流量61立方米/秒，承担着自流灌区32.4万亩农田灌溉和中部干旱带三大扬水工程供水任务。

⑦ 履勘：指实地勘测。

⑧ 四道：七星渠受清水河、红柳沟、小径沟（今单阴洞沟）、丰城沟（今双阴洞沟）洪水之害。

⑨ 山河：即清水河，系黄河支流。古代称西洛水、高平川水、蔚茹水，发源于六盘山东麓宁夏固原市原州区开城镇境内的黑刺沟脑，向北流经固原、海原、同心、中宁等市县，在中卫的泉眼山西侧注入黄河，长303公里，流域面积8499.6平方公里，年平均径流量1.65亿立方米。清水河是宁夏境内流入黄河最大、最长的支流。

⑩ 景桂：即胡景桂，字廉访。初任国史馆协修，会典馆详校官，授御史编修，擢监察御史。光绪二十三年（1897年）任宁夏知府，以治水有功擢宁夏道尹，升山东按察使、布政使。编著有《使甘奏版》《西台谏草》《山左公版》《求是斋文稿》《求是斋杂著》等。

横截入黄，四月间山水陡发，未及合龙①，坝身多被冲决。次年陶副将美珍、陈游击②斌生来修此渠，谓：此坝万不可废。士民皆怂恿增修，高厚较前加培，能保百年。余谓：此坝去山河太近，正当其冲，山河较黄河低下，设一旦雨、水并涨，束于一坝之内，水无去路，虽铜堤铁壁亦未有不冲决者。现在旧口去大坝不过百余步，坝若冲决，渠口必至淤塞，全渠乏水，其咎谁归？且山河在黄河怀内，即此坝能支山水入黄，而山水循黄河南岸顺流，仍从渠口入渠，是有堵御山水之名，而究不能尽避山水之害，所谓"狙公赋芧③，朝三而暮四"也。

余到任后，正值渠工委员④高吏目攀斗与宁安⑤巡检⑥童爱忠互相禀诘。陶公檄余细心确勘，余于是年四月初二日驰抵宁安，传集士民，并同韦旗官⑦得胜齐集渠口，详勘山河大坝，万不可恃缘。农田用水在即，暂令首士⑧等于渠头修建减水闸⑨二道，以为宣泄山水泥沙之用，水小则与黄沙并流，水大则从堰⑩头翻出，以为一时权宜之计，首尾当即灌通，农田无误。至七月间，山水与黄水并涨，

---

① 龙：同"拢"。

② 游击：清代武官名，次于参将一级。

③ 狙公赋芧：典故，出自《庄子·齐物论》，意告诫人们要注重实际，防止被花言巧语所蒙骗，后引申为反复无常，谴责那些说话办事不负责任的人。

④ 渠工委员：协助办理渠道岁修事宜的地方士绅。

⑤ 宁安：即宁安堡，今宁夏中宁县宁安镇。

⑥ 巡检：官署名巡检司，官名巡检使，简称巡检，明清时凡镇市、关隘要害处俱设巡检司，巡检为主官正九品，归县令管辖。

⑦ 旗官：为官的旗人。

⑧ 首士：管理渠工银钱事物的人员。

⑨ 减水闸：即退水闸，位于渠道末端、重要渠系建筑物或险工渠段上游，用以安全泄空渠水的水闸。

⑩ 堰：堤的俗称。有石堰、土堰、草石堰、草土堰之分。石堰和草土堰多用于渠首迎水，又叫拦水堰。

此坝冲决无余，渠口淤废。阖渠士民始服余之先见，可见天生顺逆之势非人力之所能争也，当即据实禀复。

四月二十四日，奉督部陶札①云：七星渠所修大坝合龙，既虑大水冲溃，有碍农田，现虽修补减水泄沙闸，不过为目前敷衍计，终不能永资利赖，似不如另行相地修筑之，为善。至鸣沙州②以下旧修洞，可以次第举行。

及随同廉访勘工，始见山河大坝单薄，恐不足御山河之势，将来必须将渠口改下数里，让出山水，顺流入河，方能为一劳永逸之计。小径沟③飞槽④，甚得地势，惟放水之时察看飞槽又较渠身隘二尺有余，槽身亦仄，所过之水灌溉鸣沙一州，尚难敷用。则红柳沟⑤以下即便修复，亦必有缺水之虞，窃以利弊全在渠口，相度得地，避出山水之患，方能议及下游一带渠工。前数十年内，文武各员皆拟筹款兴修，率以渠口为难，而工费又大，不敢轻举。

树枬传集宁安各堡一带士民沿渠度地，下七星渠口五里许为柳星渠⑥口，拟在此地与七星渠同开一口，筑一分

---

① 札：清代下行公文的一种，用于各级官署对所属的下级机关发布指令。

② 鸣沙州：即今宁夏中宁县鸣沙镇。

③ 小径沟：又名萧家沟，今称单阴洞沟，位于宁夏中宁县恩和镇，在恩和镇朱台村与曹桥村之间。

④ 飞槽：亦称渡槽，也称高架水渠，是跨越河流、道路、山冲、谷口等的架空输水建筑物。

⑤ 红柳沟：黄河一级支流，发源于宁夏同心县小罗山西南黑山墩，流经同心县、中宁县，于中宁县鸣沙州汇入黄河，流域面积1064平方公里，河长106.6公里。

⑥ 柳星渠：又名六星渠，是流经中宁县城的渠道，全长约20公里，灌溉面积9200亩，灌区介于南河沟、北河沟之间，流经舟塔、宁安、东华至莫家嘴子。始建何时，无稽可考，文献记载，明天启五年（1625年）曾予整修。原进水口在泉眼山下，居七星渠口下约3里，引黄河水灌溉，清道光二十三年（1843年），河水暴涨，渠口有冲没之险，宁安堡廪生马程万垫资修筑大埧弯码头。1956年并入七星渠，今为七星渠支渠。

水石闸，各归各渠。士民等皆同声称善，且言：此系七星旧口，因黄河变徙之后，始改口于上游，每年遂受山河之害，今若仍归旧地，则山水可以让出，顺流入黄，且两渠夫料同搇①一堰，尤为众擎易举。

但估计石闸工料为数甚巨，万非民间所能筹办，故沿日水渠灌田数万余亩，兵燹②后荒废已久，本督部堂拟添拨营旗，一律修复。究竟渠身长若干里，需工料经费若干，如何分别段落，某段应派民夫，某段应拨勇丁，勇丁即按四旗人数计算，民夫能派若干，务先筹备应用各项器具。

拟本年七月内即行动工，并由司饬县先行查勘明晰，详细妥议，绘图贴说，另行专案禀③夺。

---

① 搇：古同"撳"，指按、压的意思。

② 兵燹：指因战乱而遭受焚烧破坏的灾祸。

③ 禀：清代上行公文的一种，指下级官员对上级报告。

上陶督部议修七星渠书

光绪二十五年四月二十六日

　　暌侍慈颜，倏逾两月。十八日，接到何善孙来信，谨悉柱躬，安泰福并，勋隆翘企，崇阶慕思曷极。善孙来信代传宪谕：以七星渠工程浩大，非实有把握不可造次从事。闻命之下，钦悚莫名。窃以中卫一邑专靠水利，而七星渠绵亘一百七八十里，灌田七八万余亩，尤为水利大宗。鸣沙以下荒废三四十年，民户逃亡，国课无着，非官为倡始，万难修复。

　　树枏初意以为，胡廉访既将鸣沙以上各工修好，则红柳沟以下开渠，士民难蓄此意，苦于力所难偿，此不能不由官筹措者，小径沟石礅明年必须再添木槽一个，渠水方能足用。此二项既不能复派民间，而库款支绌又不敢轻易请领，再四思维，惟有于额征粮下，变卖三四千石，明年秋后归款，于变粮济饷项下报销（前任卢令、陈令，凡变卖一万五六千石，皆系交价解库），既不累民，又不亏官，所谓一举而众善皆备也。鸣沙州一堡田地闻有七八千亩，现在承种纳粮者只二千二百亩，居民一百余家，渠沟向分两支，其南支正沟无力开通，田皆荒废。拟借兵力先开此渠，招户垦荒，每亩承领垦单收取一串上下，据彼处人言，水果畅通，则领地者蜂拥而至，即以此项归还粮价，有余则归入渠工，以作岁修①之用。如此筹办明年果有大效，

---

① 岁修：指每年有计划地对渠道及其各种建筑工程进行维修和养护。

然后再议修复红柳沟暗洞①及开白马滩②（即鸣沙以下地）一带之田，次第举行，庶有把握，不至卤莽偾事。上负我公轸心民瘼之怀，此事究竟可否如此办法？伏候示遵，以便另具公牍，详细叙陈。

柳星渠口系当日七星渠旧口，若从此处与柳星、贴渠③同开一口，建分水石闸，则去山河较远，因势利导，山水可以顺流入黄。奈柳星渠士民狃于私见，坚不肯共口分渠，及至闸坝修成，渠水畅足，柳星渠士民始悔从前之失计。今岁柳星渠口淤塞，河水不能入渠，反借七星渠水，决堤灌溉，小民可与乐成，难与图始，信哉！

辛丑九月二十五日 树枏誌④

---

① 暗洞：即涵洞，是高低水道分流的交叉建筑物。

② 白马滩：位于宁夏中宁县东北部，今属中宁县鸣沙镇。

③ 贴渠：位于宁夏中宁县舟塔乡铁渠村，原从泉眼山东侧黄河南岸引水，现为七星渠的支渠之一，分为上贴渠和下贴渠。

④ 誌：同"志"。

札中卫县

光绪二十五年五月十五日

陕甘总督部堂陶为札饬事。案查中卫县所属七星渠往年灌地甚广，自同治初年回匪扰乱后，渠身半就湮废，田地荒芜，无由垦复。现据王署令禀称：欲浚渠身，先治渠口，数十年来渠口为山水冲损，时浚时淤，必须改修渠口能避山水之冲，方能收河水之利。下游五里许为柳星渠，拟在此地与七星渠同开一口，筑一分水闸①，各归各渠。并云：此系七星旧口，前因黄河变徙，改口于上游，今若仍归旧地，则山水可以让出，且两渠同撅一墕，尤为众擎易举。等情②。

本督部堂查往年渠口由下游改在上游，自必就水之势，决非无故迁徙。今欲避山水之冲，仍归旧地，不知地势、水势如何？且欲与柳星渠同在一处引水，不知能否敷两渠之用？必须通盘筹画③，方可定议，且下游另有山水，均能冲坏渠身，旧时做法或筑飞槽或修暗洞，除害兴利，一切工程均未可卤莽从事。查谢守威凤④于该处地方情形最为熟悉，现赴花⑤、定⑥办理盐务，应饬顺道至中卫，会同王署令周历渠口，上下相度形势，将改修渠口利弊，详细擘画，并将下游应筑飞槽、暗洞诸处妥为筹度，悉心估计，先行禀复核夺。

---

① 分水闸：干渠以下各级渠道首部控制并分配流量的水闸。

② 等情：旧时公文用语，常用在叙述下级机关来文结束后。

③ 画：同"划"。

④ 谢守威凤：即谢威凤，清末湘籍（湖南宁乡市）人，清光绪十八年至十九年（1892~1893年）曾任宁夏知府，其余不详。

⑤ 花：即今宁夏盐池县花马池镇。

⑥ 定：即今陕西省定边县。

重修七星渠估计工程禀

光绪二十五年六月初一日

窃某于五月初四日，奉到宪台①批示：七星渠所修大坝合龙，既虑大水冲溃，有碍农田，现虽增减水泄沙闸，不过为目前敷衍计，终不能永资利赖，似不如另行相地修筑之，为善。至鸣沙州以下，旧日水渠灌田数万余亩，兵燹后荒废已久，本督部堂拟添拨营旗，一律修复。究竟该处渠身长若干里，需工料资若干，如何分别段落，某段应派民工，某段应派勇丁，即按四旗人数计算，民工能派若干，务先筹备应用各项器具。拟本年七月内即行动工，并由司饬县先行查勘明晰，详细妥议，绘图贴说，另行专案禀夺。各等因②。

奉此，窃查中卫一县全恃水利，大河③南北凡二十余渠，惟七星渠灌田七八万亩，其利最溥，而其工亦最巨。渠自泉眼山④开口，至白马、张恩⑤延长一百数十里，至牛首山⑥下入河，其中凡受山水之害四：一渠口、一小径沟、一丰城

---

① 宪台：古代地方官吏对知府以上长官的尊称。

② 等因：旧时公文用语，常用在叙述上级官署的公文结束后。

③ 大河：即黄河。

④ 泉眼山：位于宁夏中宁县西端，沙坡头区与中宁县交界处，黄河南岸。

⑤ 张恩：即张恩堡，在今宁夏中宁县东北，原属白马乡张恩大队，已淹没于青铜峡水利枢纽库区。

⑥ 牛首山：位于宁夏青铜峡市南20公里处黄河东岸。因其主峰小西天（文华峰）和大西天（武英峰）南北耸峙，宛若牛首，故名之。

沟①、一红柳沟。四者惟渠口之南山河水最大，源出平凉②历固原③入县境，即《水经注》④之高平川水⑤，其暴发也，挟泥而下，正当渠口之冲，屡为渠患。前人于渠口建正闸⑥以障之，岁久不修，遗迹无复存者。近岁黄河北徙，渠民移口于上，引水灌田，然去山河逾近，则渠患逾深。百余年来文武官员屡欲兴修，皆以渠口与山河地势太逼，而工费又大，不敢身任其艰。于是山河之水年年冲决为灾，渠身愈垫愈高，受水微末，而四百户⑦下之小径沟暗洞又被山河冲毁，鸣沙州八千余亩之田遂至常常缺水，土地荒芜，其未逃之户只余数十家。沿山开渠，承七星渠之尾水，十年九旱，民生国课均受其弊。至鸣沙州以下之红柳沟暗洞，则自道光年间被山水冲毁，久未修复，白马通滩数万余亩之田尽成赤壤，数十年以来无复人迹之存，此七星渠废弛之大概情形也。

去岁，胡升司以该渠关⑧系农田甚大，慨然请帑兴修，于山河下游里许之遥，横筑一坝，以截山水，劲折入黄，但山水直下势若建瓴，一篑之堤恐不能御此陡来之水。彼时，宣威⑨中旗管带⑩韦得胜专作坝工，兵力太单，讫未认真修

----

① 丰城沟：又称冯城沟，今称双阴洞沟，位于宁夏中宁县恩和镇老五营与鸣沙黄营之间。

② 平凉：即甘肃省平凉市，位于甘肃省东部，六盘山东麓，泾河上游。

③ 固原：即宁夏固原市，位于宁夏南部，六盘山北麓，清水河畔。

④《水经注》：北魏郦道元著，共四十卷，全面系统地介绍了水道所流经地区的自然地理和经济地理等诸方面内容，是一部历史、地理、文学价值都很高的综合性地理著作。

⑤ 高平川水：即今宁夏清水河。

⑥ 正闸：干渠渠首进水闸。

⑦ 四百户：即今宁夏中宁县恩和镇，原名"威武营"，俗称"四百户"。

⑧ 关：原文作"阔"。

⑨ 宣威：清光绪年间的军营名，本书下卷记载："中卫之宣威中旗就近将红柳沟暗洞迅速开通"，应在今宁夏中卫市境内。

⑩ 管带：清代军事职官名称。

筑，合龙之际，山水陡发，厥功未就。小径沟暗洞，胡升司相度地势，改为飞槽，实于下游农田有益，惟飞槽稍狭，度水无多，以之灌溉鸣沙一州尚难敷用。今岁四五月，渠口挑水大埝凡被山水冲脱者三次，山河大坝亦冲塌十丈有余，徒劳罔功，虽无大害，亦无大利。小径沟飞槽再经某加高二尺，然亦不过为将就一时之计。

今欲大兴水利，诚如宪台所谕，必须另行相地，修筑渠口，以避山河之害，方为上策。又谕，以柳星渠、七星渠合作一口，水之大小能否足溉两渠之用，实为筹画周密。某随于五月二十一日亲到宁安堡传集士民之知水利者，通筹利弊，上下踏勘，查得山河口至柳星渠五里之内为七星渠，累年上下寻口之地，柳星、贴渠以下尚有七渠，七星渠万不能越贴渠，柳星渠下迤南寻口。柳星渠口相传系当日七星渠旧口，自咸丰二年间，黄河正流北徙，南岸之渠悉用支流，而此处之水又系支流中之分支，彼处之民恐水不足用，又惮于淘浚渠身，于是改口于上，反借山河之水，以为灌田之用。询之士民佥称，山水小时并不为害，惟其暴发，势不可遏，则全渠有冲决淤塞之虞，若数十丈之山水二三十年一或有之，不常经见。某丈量柳星渠河身宽四十余丈，亦可济两渠之用，惟河势不甚稳定，恐一旦迁变，便成废渠。而两渠士民又势如水火，不欲合撅一埝，狃于积习，几不可以理喻情遣。合渠之人坚谓，山河小水撽[①]入黄河之大水，实于农田毫无妨碍，惟山河暴发必须设法补救，方能为一劳永逸之计。

有渠民之老于水利者谓：红崖子[②]河水宽深，地势又顺，从此处另开新口，则将来开挖白马滩一带农田，方能足用。

① 撽：同"掺"。
② 红崖子：位于宁夏中卫市沙坡头区和中宁县交界处，七星渠老渠口附近。

下流三里至泉眼山之鹰嘴石①，西对高滩渠②，从中度其地
狭，而水势平衍。拟在此处斜建进水闸三空③，正建退水
闸二空，接连闸头斜撤数十步长之跳水矮埂。山水小时则
闭退水闸，开进水闸以灌农田，山水若发，则将进水闸封
闭，开退水闸，使山水尽泄黄河，并可从跳水埂上翻出。
山水之来不过一二日，沙泥泄毕，再闭退水闸，开进水闸，
使水仍归正渠，如此，则全渠不至受山水淤决之患。据合
渠人言，久蓄此意，第苦于工费不给，故因循至今，无人
敢倡其议者，果如此，则河水不缺，山水不灾，于渠工实
有裨益。某以此渠既无法可避山水，依此办法实为中策。
再，此渠向来之弊，轻于寻口而艰于挖渠，历年以来民田
侵占渠地，沙泥淤垫，渠身不及旧日宽深十分之二，今欲
通灌，必须开宽浚深，规复其旧。又，此渠上下共有泄沙
闸七道，亦名退水闸，泥沙淤垫，凡人力所不能施者，概
赖此闸，节节疏浚，今皆残毁不完，非重加添补，无以为
泄沙之路。小径沟飞槽一道容水无多，拟由石墩两旁再加
木槽二道，则鸣沙下段庶可以全行灌溉。至红柳沟暗洞，
同治初年挖开检视，被山水冲没者十分之五，此处采石须
由河北④或靖远⑤一带采运，工费巨而且艰。若同时动工，
款既难筹而石匠亦不敷用，某拟先将渠口及一切各工作好，

———————

① 鹰嘴石：旧地名，在七星渠老渠口附近，位于宁夏中宁县舟塔乡长桥村、
潘营村之间。

② 高滩渠：又名康滩渠，位于宁夏中宁县城西北，相传建于清康熙年间，原
引水口在泉眼山北侧黄河右岸大湾处，流经孔滩、田滩至杜家闸入北河沟，长12公
里。1952年，康滩渠向下延伸同营盘滩渠合并，曾名"解放渠"。1958年春，在七
星渠桩号31+868处建单孔进水闸，全长18.9公里。2000年春，翻建进口闸，现为七
星渠的支渠。

③ 空：同"孔"。

④ 河北：即黄河北岸。

⑤ 靖远：即今甘肃省靖远县。

沟身一律开通，果有明效，然后于明年秋后再议兴修，则次第举行，庶不至复踏今年覆辙。

查各渠动工为时甚迫，祗有春工四五十日，秋后各渠皆系扎放冬水，民田侵占之渠埝，七八月间禾稼未收，亦未便遽行毁坏，所有渠工皆系明春之事，惟鸣沙州尚有未垦之田五六千亩，其渠道亦无人开挖。又鹰嘴石依山另开渠道约两里许，拟请宪台于八月间专派兵勇先开此处，秋禾告竣，即分段将渠口以下之渠埝积土照旧年所定之丈尺移掷田中，一至开春便行，一律开浚渠身，庶免临时倒埝，耽延工作。某拟派民夫千名，以五百名作渠口之堋工、闸工，以五百名同兵勇千名，分开段落专修渠道。而应备石料、器具即于秋后筹置齐全，庶不至于春工有误。惟全渠工费必须预筹的款，鸣沙州民户萧条，而新宁安、庞下^①及四百户三庄之民去岁摊派坝料，垫累不支，明岁除渠口撅堋夫料之外，万不能再议摊派。

至于近年库款支绌，又某所素知，反复思维，惟有就卑县设法筹款，查额征粮石，近有变价济饷及变价济帐两项，卑县前任卢令、陈令凡变卖仓粮两万余石，均皆解价交库，有案可稽。卑县地处潮湿，去岁仓粮霉变者甚多，亦不能不及时设法变易。此次渠工所需费用可否即照此例，变卖仓粮市斗四千石，其银两暂归渠工，动用统限，明年内解价交库。如此则上不亏帑，下不累民，似于国计民生两有裨益。惟仓粮变价万不能限定时日，为缓急之需，倘秋后用项在即，拟请先由中卫厘局^②项下暂为挪用，变价之后随即归款，愚昧之见，是否有当，伏乞批示祗遵。

再，五月二十七日谢守威凤到县，会同履勘渠工三日，

---

① 庞下：今宁夏中宁县恩和镇沙滩村庞桥附近。

② 厘局：旧时管理征收厘金的机关。

与某意见相同，谨绘具图说及估计各工，并一切章程另呈鉴核。

再，卑县距七星渠口一百一十余里，渠口至鸣沙州亦一百一十余里，工程浩繁，路途窎远，某万不能时时在工，渠宁巡检①一人上下百余里亦难兼顾，查有指分甘肃候补②县丞③姚曾祺因甘肃停止分发，尚未到省，现在县署，明干勤慎，素所深知。拟派工所会同渠宁巡检稽查物料及一切账目，并沿渠上下逐段分查，必能于渠工有裨，可否仰恳札委该员帮同办理渠工，庶士民不敢轻视，呼应较灵，至薪水夫马一项，皆由县自行筹给，不另开支。今年秋后拟先清丈鸣沙州已垦未垦田亩，即派该员及渠宁巡检认真督办，敢乞一并札委，实为公便。

再，此次派拨营勇赴渠做工，一切皆须自备，将来或酌加口粮或由县筹款拟赏，并乞示遵。

---

① 渠宁巡检：乾隆二十四年（1759年），在宁安堡设渠宁巡检司，管理渠口、宁安一带的事务。

② 候补：清制，没有补授实缺的官员在吏部候选后，吏部再汇例呈请分发的官员名单，根据职位、资格、班次，每月抽签一次，分发到某一部或某一省，听候委用，称为候补。

③ 县丞：古代地方官名。在县衙地位一般仅次于县令（或县长），以辅佐令长，主要职责是文书、仓库等的管理。

估勘七星渠工费及一切章程折

估工

进退水石闸六墩五空，淘至石底，密钉木桩，上铺红石，底塘凡宽七丈、长二十丈，进水南边墙宽一丈、长八丈，进水中二墩皆宽一丈二尺、长二丈六尺，分水墩头宽一丈五尺、尾宽四尺、长八丈，退水中墩宽一丈五尺、长三丈，退水北边墩宽一丈六尺、长三丈五尺，进退水闸每空皆宽一丈六尺，接撅挑水矮墙宽一丈三尺、长四十三丈，入地一丈，出地三尺。约用石三万车，旧岁每车（一块一车）石价及脚费[①]一百六十文，共钱四千八百串文。用胶泥七千车（出胶泥之地去渠二十五里，每日牛车仅运一次），旧岁每车运费钱四百文，共钱二千八百串文。用柳木桩一万五千根，旧岁每根钱五十文，共钱七百五十串文。用木梁十六根，旧岁每根钱二十文，共钱三百二十串文。石匠工钱约计二百串文。用石灰七万斤，旧岁每斤三文，共钱二百一十串文。

小径沟飞槽现只一道，拟再添修二道，约计石灰、毡、铁、木料须钱八百四十串文。

该渠旧岁凡退水闸七道，吴石闸已损，拟修葺，费钱二百串文。三空闸即通丰闸，已损，拟修葺，费钱二百串文。宜民闸已废，拟重修，费钱五百串文。利民闸即萧家闸，地势最陡，已损坏无余，拟重造，费五百串文。小径沟上游宜再添一闸，以泄沙泥，拟修造，费钱一千四百串文。

---

① 脚费：脚钱，即运费。

拖尾闸已损，拟修葺，费钱二百串文。

至于应用铁锹，拟制五百把，挑筐一千个，旧岁一锹二筐合计钱九百文，共钱四百五十串文。

以上，以钱合银计九千五百余两，所有各工系就历年工程价值约略比拟估计大概。现在渠水正深，无从细测，将来一切工料或有余或不足，尚难刻定，届时必当督率士民力求撙节，实报实销。至于口堋、腰堋工费皆由民间自备物料。渠宁巡检夫马^①仍照胡升司所定，岁给费一百二十串，首士薪水及书差口食由卑县酌定，不与官帑相涉。

浚渠

查七星渠紧对山河，每岁五六月间，山水泛涨，泥沙混浊，全冲入渠，一岁之浚不敌一岁之淤，以致渠身益高，水不能入，百余年来渠身为民田侵占，既浅且狭，不及旧年丈尺十分之二。

某于五月二十一日，在宁安堡老农家得乾隆五十一年县令龚景瀚^②禀定章程，内载：自渠口至吴石闸长五里，渠宽七丈、深八尺，有栽桩石，高出渠底五尺有余为准，自吴石闸至正闸长三里，渠宽六丈五尺、深八尺，正闸至三空闸长八里、渠宽六丈、深六尺，三空闸至宜民闸长五里、渠宽五丈、深六尺，宜民闸至利民闸长七里、渠宽五丈、深六尺，利民渠至盐池闸长十二里、渠宽四丈、深七八尺至三四尺不等，盐池闸至恩和堡大渠桥长十四里、渠宽三

---

① 夫马：指役夫与车马。

② 龚景瀚：公元1747~1802年，字海峰，福建闽县（今福建省福州市）人，为乾隆三十六年进士。乾隆四十九年，授甘肃靖远知县，受总督福康安提拔，檄署中卫县，开渠利民。乾隆五十二年，调平凉。乾隆五十五年，署固原州。乾隆五十七年，调为循化厅同知。乾隆五十九年，迁陕西邠州知州。嘉庆元年，以功擢庆阳知府。著有《澹静斋文钞》《循化志》等。

丈五尺、深三四尺不等，桥叠三石墩，三石盘作底，以石盘全露为准。大渠桥至小径沟石洞（今已废，去岁洞改飞槽）长八里、渠宽三丈五尺、深三四尺不等，小径沟至冯城沟石洞长十里、渠宽三丈、深三四尺不等，冯城沟至鸣沙州长十里、渠宽二丈七尺、深六七尺不等，鸣沙州至白马滩红柳沟暗洞（今已废，以下之洞田久不得水）长四里、渠宽二丈七尺、深三四尺不等，红柳沟暗洞至渠稍长五十里、渠宽一丈五尺、深三四尺、一二尺不等。

今拟淘挖渠身，其开宽皆以龚景瀚所定丈尺为准，至浚深则视渠口水之高隘，以水平测量定通渠之深浅，总以能概全渠为准。

修闸

七星渠自红柳沟上尚有七闸，既可减水亦资泄沙，每岁春工用力少而成功多。旧有吴石闸一座，长六丈六尺、宽一丈二尺、高八尺，正闸一座两空，每空宽一丈两尺、长十一丈、高一丈三尺，三空闸一座，长十五丈、宽一丈四尺、高一丈，宜民闸一座，长二十丈、宽一丈四尺、高一丈，盐池闸一座，长十六丈、宽一丈二尺、高一丈二尺，拖尾闸一座，长五丈、宽八尺、高五丈，百余年来桩石损坏，民间无力修补，以致渠道淤塞年甚一年。利民闸一座，损坏无迹，盐池闸以下渠长闸少，当于小径沟以上添建一闸，则恩和堡至鸣沙州方无冲决淤塞之虞。明岁拟皆量力修补，而工费甚巨，所占之数诚恐不敷，惟有择其要者添葺而已。

夫料

旧章新宁安、庞下、恩和、鸣沙、白马滩诸堡额例田六十亩出夫一名，通渠共夫一千四十四名。自鸣沙、白马滩田不得水，民户逃亡，夫不敷用，于是该渠自派三十亩出夫一名。而生监抗阻、委管^①包折、夫册牵搭不公不均，渠工遂至日坏，去岁改为官办，派夫千名，物料费一百一十五文。今拟仍照胡升司派定夫数，其物料^②费则归民捐，旧章定为每亩七十文，以纾民力。

督工

七星渠自口至鸣沙凡长一百余里，必须分工督作，各专责成，方不至彼推此诿，致有贻误。今选派贡生^③张明善，文生^④杨含润、刘彦邦、党雍熙，武生^⑤王桢、陈绍武、王正学、赵积善、黄开科、王世宪、朱成章，监生^⑥黄魁，首民^⑦胡万明分工督修，如有违误或弊混情事，应由卑县详请责革。渠口设立局所，委员常川^⑧驻工，与渠宁巡检上下监察督催，以一事权。

分段

七星渠延长窵远，土工尤大，蒙拨四旗兵勇开修，益以民夫千名，约有两千名之数。明岁拟拨民夫五百名，专修渠口、闸工、埧工及各段退水闸工，以五百名与兵勇分

---

① 委管：即分段督修渠工的人员。
② 物料：渠道岁修应用草、木桩、红柳、白茨、笈笈、块石等的总称。
③ 贡生：科举时代，挑选府州、县生员中成绩或资格优异者，升入京师的国子监读书，称为贡生。
④ 文生：指文库生员，科举时代通过府、县公立学校的考试，并入校读书的人，称为文生。
⑤ 武生：指武庠生，科举时代经过本省各级考试入府、州、县学的武童生，俗称武秀才。
⑥ 监生：明清时最高学府国子监学生的简称。
⑦ 首民：当地受尊敬的士绅。
⑧ 常川：指经常，连续不断的意思。

段开通渠道，视工之大小、难易定每段之长短，各旗与各旗分做，不相牵混，以免推诿。今岁秋后，兵勇先做倒埝开渠，无水之工倒埝，工尤紧要，所以为明年开渠地步也。兵勇既分段做工，则锅灶、帐棚皆须携带，以免往返耽阁①。

丈地

鸣沙州额征粮田，旧册八千九百六十余亩，今祇实征熟地二千三百八十亩，其中亩数不无隐匿，而实在未垦亦为数不少。此处正渠有南北两支，旧设分水闸，其南支渠道淤塞，秋后拟请兵勇先开此渠，以复其旧。一面，清丈田亩，酌拟领单之费，以为归还借款之用，白马通滩额征粮田旧册二万八千四百二十八亩，现征熟地三百亩，此处田皆荒芜，民户逃散，无夫可派，拟俟明年春夏工毕之后，通渠得水，确有效征。一面，禀请复修红柳沟暗洞，一面，接拨兵勇开通白马滩正渠，次第兴作，则工费皆为有余，不至拮据。其一切子渠则归领田之户自行开挖，其田亦随领随丈。

督部堂陶批：禀及图说章程，查阅尚妥。七星渠非于此处改口建闸，荒田固难全辟，熟地亦将渐废，其势断不能不修，该署令所拟一切办法及修补各闸。并于小径沟再加木槽，估需工料、经费先请变卖市斗仓粮四千石，暂归渠工动用，明年解价交库均应照准。一面，听候本督部堂派拨营旗前往，仍由该署令会商各营带指点工作。另，单请以姚县丞曾祺与渠宁巡检稽查物料及一切账目，并沿渠

① 阁：同"搁"。

上下逐段分查。本年秋后令先清丈鸣沙州地亩，认真督办，亦应照准，即由该署令分别派委，俾专责成营勇赴渠做工，一切皆令自备，惟日事劳苦，准由公中按月筹给津贴，以示体恤可也。犹有虑者，黄河北徙，红崖子在其南，地势较高，仅分支流之支流，设或河水未涨时，水不能上，势必坐困。鹰嘴石地狭，其溜必急，所称水势平衍，恐是揣度之词，此处筑基立闸稍不稳固，必遭冲损，均应由该署令先事筹酌，据实禀复核夺，不可稍涉含糊，致将来又废全功也。再，修渠用项为数颇巨折开。一面，清丈地亩，酌拟领单之费归还借款等语，究竟领单费能收若干，如何收取，能否足敷此次渠工之用，应由该署令勘酌妥拟专案，禀请核示，万不可以利民之举转为累民也，仰即遵照，并候行司查照。缴图折存。

六月十九日

藩台^①岑^②批：禀、折单、图均悉。该令于七星渠务相地势，尽询谋酌，古准今创，为改口建闸之议，又能辗转筹款，以济其事，非实心爱民而又有干济之才者，曷克臻此。所请各节已禀督宪札知，均经批准，应即遵照妥办，

① 藩台：即承宣布政使，为从二品官，掌管一省的财政、民政。

② 岑：即岑春煊，公元1861~1933年，字云阶，号炯堂老人，曾用名云霭、春泽，广西西林人，中国近代史上著名政治人物。1885年考取举人，以恩荫入仕。甲午中日战争时赴战场，1898年因力主变法维新而得光绪帝青睐，提拔为广东布政使，1899年调甘肃布政使。1900年八国联军侵华战争爆发，岑春煊率军至北京"勤王"，并护送慈禧太后和光绪帝至西安，因功擢陕西巡抚，次年任山西巡抚，创办山西大学堂。后署理四川总督，旋署两广总督，任内积极推行新政，大举惩办贪官，有"官屠"之称，与直隶总督袁世凯并称"南岑北袁"。1907年入京任邮传部尚书，与军机大臣瞿鸿禨等发起"丁未政潮"，反被庆亲王奕劻、袁世凯一派弹劾而罢官，遂以养病为名，寄居上海。

并将鹰嘴石水势是否确系平行，丈地酌拟之，领单费系按地抑系按单收取若干，约可统收若干，地户是否愿出之处，再行禀复核夺。至姚县丞曾祺能襄理此工，亦甚难得，碍于未经验看，本司未便札委，由该县自行移请可也。此缴。

六月十九日

署臬台①**黄批：** 据禀已悉。尝闻中卫七星渠为该县农田水利之冠，任其荒废，殊为可惜，然本署司未尝躬履其地，听之亦属茫然置之而已。兹据该令所禀，并绘图贴说，前来展阅数四，无异马伏波聚米为山②，形势尽在目中，前之茫昧者，今则瞭然矣！

本署司曩③在江南卢州府任内，每岁春夏必督修江湖堤防数百里，凡择地势计土方，实事求是，十二年中幸无溃决，农民赖之，然彼惟筑堤以防水患，无所谓渠耳。今该县农田之利以渠为先，而又加之以堤，是浚与筑二者兼而有之。

兹就图中所注分别今年所挖之渠及所筑之堤，详细观之。渠则傍高地而开，河水恐不能畅流而入，堤则拦山河而建，山水又从何而出，势不至于横流溃决而不止也，无怪该处绅民之阻挠，不肯和龙也。该令不惮勤劳，亲自勘测就迤西高滩之下，循往年河水涨时所行之迹，于明年新开一渠，引水由南而东穿入土坝，未合龙之口向东而折，并南山之麓迤逦而下，仍由白马滩北折而入河。渠之所经

① 臬台：即按察使，为正三品官，掌管一省的司法、监察、邮驿。
② 马伏波聚米为山：东汉马援，别称马伏波，堆米成山，以代替地形模型，给皇帝分析军事形势、进军计划，十分明了，意为形象地陈述军事形势及险要的地形。
③ 曩：以往，从前，过去的。

自吴石以下，各闸均受其益，是得治水因势而利导之法，而其妙运尤在石㘩与进水、退水两闸之关键，一则泄山水之暴涨，一则束河流之畅利。具见贤有司，为民兴利之诚心，有此精思，殊堪嘉尚，果能始终其事必有成效。可观至另折所拟七条，均属切实。若次第兴举，将见费不虚糜，工归实济，为该县兴数十年已废之地，利化瘠土为膏壤，国计民生均有裨益，西门①、郑国②不得专美于前矣！尚其勉旃，有厚望焉，仍候督宪暨藩司批示。缴图折存。

六月十八日

护道台③**崇批：**查勘估七星渠开做渠口，并建修进水、退水闸，各工及一切渠工章程，尚属详细周妥。至称工料费项以仓粮变价挪用之处，仰候各宪批示饬遵。缴清。折图说存。

六月二十三日

---

① 西门：指西门豹，战国时期魏国安邑人（今山西省运城市盐湖区安邑一带）。魏文侯时任邺令，是著名的政治家、水利家，曾立下赫赫功勋。初到邺城（今河南省安阳市北一带）时，亲自率人勘测水源，发动百姓在漳河开围挖掘了12渠，使大片田地成为旱涝保收的良田。在发展农业生产的同时，还实行"寓兵于农、藏粮于民"的政策，很快就使邺城民富兵强，成为战国时期魏国的东北重镇。

② 郑国：即郑国渠，位于今陕西省泾阳县西北25公里处泾河北岸。它西引泾水东注洛水，长达300余里，公元前246年由韩国水工郑国主持兴建，属于最早在关中建设的大型水利工程。

③ 道台：又称道员，清代地方官名。根据清代的官阶制度，道台（道员）是省（巡抚、总督）与府（知府）之间的地方长官。

甘肃候补知府^①谢威凤通勘七星渠禀

光绪二十五年六月初一日

窃卑府于五月十五日奉到宪札内开^②：以往年七星渠口由下游改在上游，目必就水之势，决非无故迁徙。今欲避山水之冲，仍归旧地，不知地势、水势何如，且欲与柳星渠同在一处引水，不知能否敷两渠之用，必须通盘筹画，方可定议。且下游另有山水均能冲坏渠身，旧时做法或筑飞槽或修暗洞，除害兴利，一切工程均未可卤莽从事。查谢守威凤于该处地方情形最为熟悉，现赴花、定办理盐务，应饬顺道至中卫，会同王署令周历渠口上下，相度形势，将改修渠口利弊，详细擘画，并将下游应筑飞槽、暗洞诸处妥为筹度，悉心估计，先行禀复核夺。等因。奉此，仰见兴废盛德，感佩曷言。

卑府于二十六日抵中卫，王令树枏即飞谕渠宁巡检高攀斗，传集绅士张明善、刘彦邦等先至泉眼山等候，二十八日卑府与王令同至七星渠口，周勘形势。二十九日再量河面，并探河底。三十日由宁安堡东勘小径沟、红柳沟直至鸣沙州、白马通滩止。

小径沟飞槽石墩坚固，山水亦不常见，但嫌飞槽稍狭耳。红柳沟暗洞虽未挖开视，闻石料尚有一半可用者。其通渠下手最难之处全在渠口，查泉眼山在宁安堡西南三十

---

① 知府：中国古代地方职官名，州府最高行政长官。
② 开：开列之意，开字之后便是所引述的札文内容。

里南山之麓，泉眼山下原开七星、柳星、贴三渠，七星渠口略上而偏南，正当山河冲流之害，不若柳星渠口偏北直吞黄河南支之流，而贴渠口又在柳星渠口内，依七星渠北埂开成之，同为安静也。七星渠原灌新宁安、庞下、恩和、鸣沙及白马通滩之地，计一百七八十里，自渠口坏后，迄今荒地在三万亩有奇。

卑府细为履勘，山河源出固原牛营[①]，北流数百里，直将南山戈壁冲成深沟，而出平地半里许，河深近丈，宽七八丈。胡升道于此筑一大坝以障之，长三四十丈。据高委员称：合龙时口仅丈余，自五月山水暴发，冲脱十余丈，仅见两岸土堆，而山河自此旋折而东一里有余，而河身渐宽，水亦渐平。山下有石突出，曰"鹰嘴"，高如巨屋，耸峙河岸，石外山崖向河湾抱如弓。王令拟依大石斜筑进水闸三空，就崖湾开新渠三里，以接旧渠之身，接连进水闸，横筑退水闸二空于旧渠正中，以泄山河暴涨之水。其新渠口则改自上游红崖子，此处地势既顺，河水亦旺，足敷白马通滩之用。其口开宽二十丈，顺流二百余步，以合山河并流入闸。盖七星渠口所恶者，山水暴涨至，则山水多而黄水少，宜闭进水闸，开退水闸以泄之。所喜者，暴涨不过三二日，消落之后，则山水少而黄水多，宜闭退水闸，开进水闸以受之。如此，则山水冲决之患可避矣，非得坚基不加工，非能永逸不枉劳，款虽巨，必力求撙节而妥筹之，事虽难，必力求贤能以替助之，精诚所至，金石为开，况有把握之事乎！

王令之言令人兴起，卑府比饬渠夫掘之，去沙一丈，果见石子，依大石量河，宽约三十丈，北岸虽系沙滩，如

---

① 牛营：即宁夏固原市原州区开城镇牛营村。

王令所筹，从石底坚固做出，当亦可避冲决之患，此地黄河与山河并流，绝无高下，飞槽、暗洞均无所施舍，此别无办法。闻宪台已派陶副将美珍来修此渠，美珍结实志同王令，乞饬早至，帮同商办，尤王令之愿也。夫以数十百年之废渠，昔人筑口之法固不可寻，即武员勤能如冯故提督[①]郁康，文员明干[②]如匡牧翼之久欲谋此，而计无所出，独王令见及且得我帅主持，竟使三万余亩之荒地复为膏腴，此固国计民生之福，抑亦千载一时之事也。至若经费，卑府原不善估，以愚见度之，殆非二万不可，此王令之责，自有估单。惟全渠废弛已久，口工、闸工、土工浩大异常，又限于时日，兵勇与民夫并力赶做，已有汲汲之势。红柳沟以下之工，万不能一时并举，明春鸣沙上游诸工做好，秋后再行设法开修白马通滩，则次第兴工，万不至失于卤莽，但此事非得王令一手办成，深恐前功尽弃，殊为可惜。卑府专为兴废盛举起见是否有当，伏候钧裁。

敬再禀者，夫治渠如治身也，身有咽喉、胸膈、脏腑三关之病，正今日七星渠之谓也，渠口其咽喉，小径沟之飞槽、红柳沟之暗洞即其胸膈、脏腑之关也。今红柳沟暗洞未复，白马滩之荒无论矣。即视胡升道所修小径沟飞槽系一墩、两岸墈中二空，以出山水。上加飞槽，宽一丈、长七丈，钉毡于板，铺沙以渡渠水，专为引水灌鸣沙一州荒地起见，功颇坚固而水仍不来，致鸣沙梢段百姓见王令环跪求水不已。王令首重修口，并能择出鹰嘴石坚地，分建进水、退水之闸，并改修新渠三里，以进河水，让出旧渠正冲，以泄山水，渠口坚定然后帮飞槽，修暗洞，挑渠身，

---

① 提督：武职官名，全称为提督军务总兵官，负责统辖一省陆路或水路官兵。

② 明干：明智干练。

以救全局，通计所费不过三万金上下，即可收三万余亩荒地之利。而王令且有筹法，款尤不致终空，可谓事事有条，处处不苟。实治该渠国手，非卤莽庸医比也。所最奇者，王令文人竟能深谙工作，躬耐劳苦，开工之日拟搭①棚居督，一切要案就此办理，不讲官派，祗求踏实，实出卑府意料之外。我帅委署中卫殆亦，该渠兴复机关，卑府忝②署宁夏知府两次，中卫亦是子民，倘使王令竟此全功，卑府亦当顶祝，欣感不遑矣！

至若小径沟之用飞槽、红柳沟之用暗洞皆古人至当不移之法，卑府前日面陈，出自意度，今日见之，不敢自作聪明，妄议改辙，飞槽已修，祗待帮宽即如法矣！红柳沟宽近三十丈，起瓮、架槽难且不牢，暗洞东边平铺石条尚在，西边不见，东西边两墙高近二丈，砌石如故，修筑之料可就半，而费当不少。昨经鸣沙州、白马通滩地平如掌，沟塍③宛然，立马望之，渺然无际，得水即开，竟使荒废，昔之守土不能辞其责也，慨叹久之。再周守景曾于是渠修复，有益民生，志意甚坚，乞将两禀发阅，以质所见，无任感叩！

---

① 搭：同"搭"。
② 忝：同"添"。
③ 塍：田间的土埂。

札中卫县

七月初十日

陕甘总督部堂陶为札饬事。照得①现据署中卫县王令禀，准修理七星渠，改口建闸，挑浚渠身，工程浩大，非派拨营旗前往，日事工作不足以期迅速而观厥成。应饬驻省之镇夏后旗，率所部全队拨往，驻宁安之宣威中旗、驻宁安之甘军副前旗及宁夏镇标练军各步队除留守防地外，各按八成队伍迅即开拨中卫。由各管带会商王署令，分别段落，各驻工所，督率弁勇②踊跃工作，不可敷衍。弁勇于应支饷粮外，每名每日加给津贴银二分，以示体恤，应自开拨之日起至工竣回防之日止，按月随饷请领转。至在工所需食用等项，即由各旗自行筹备，毋许再向地方官民稍有需索，违者查究。除分行外，为此札仰该县，即便知照。此札。

---

① 照得：查察而得。
② 弁勇：低级武官及士兵。

覆^①陈七星渠开口建闸河水足用禀

光绪二十五年七月十二日

窃某前因七星渠失修成废，有碍农田，拟就该渠改口建闸，曾经酌议章程，绘具图说，并估计工费，禀候核示饬遵在案。嗣奉宪台批示：以黄河北徙，红崖子在其南，地势较高，仅分支流之支流，设河水未涨之时，水不能上，势必坐困。鹰嘴石地狭，其溜必急，所称水势平衍，恐是揣度之词。此处筑基立闸，稍不稳固，必遭冲损，应由该令先时筹酌，据实禀覆核夺。等因。仰见宪虑精密慎，始图终之至意。

某初以七星渠旧口为柳星渠侵占，拟仍在旧口与柳星渠合撅一墕，可避山河之害旋困。相度地势，柳星渠所用之水，系黄河支流之分支，且河势不甚稳定，恐一旦缺水，不足济两渠之用。嗣至五月下旬，河水骤落，支流几几干涸，柳星渠以下六渠全行缺水，惟七星渠所开之口较上，尚有水五六分之谱。若在红崖子开口，则进而益，上系黄河之正支流，河水宽深，数十年来未经迁变，且地势由高而下，来势甚长，将来白马滩一带农田垦复，水利可期足用。下流三里许至泉眼山鹰嘴石，渠水经过之处，一面山，一面高滩，生成形势，而水势至此又平缓不急，从此建闸最得地势，且渠水直射出闸，并无阻塞之处，水大之时并有矮墕可以翻出。绅民等佥称，如此办法可以得山河之益，不

受山河之害，惟工料必须坚固，费稍巨耳。以下退水闸①七道，系前人所修已二百余年。今皆损坏十之七八，所退之水各有河道，与贴渠等无相干犯。明岁惟择其要者修补之，不然随浚随淤，虽日日挖渠，终归无补。至应需物料均应及时购办，惟变卖仓粮尚需日时一刻，难于应手，且卑县又别无款项可动，再四思维，惟有仰恳宪恩府准，札饬卑县厘局委员遵照，先行挪款，及时拨兑，以应急需，免迟误，一俟仓粮变价即如数归还，以便报解而清公项。某为渠工需用起见，理合②禀请宪台鉴核，俯赐批示祗遵③。

督部陶批：据该县夹单禀④，修理七星渠工程所需经费请由中卫厘局挪借一案。奉批：单禀已悉，修理七星渠工程所需购买物料经费，准由中卫厘局就近先行挪借，以资应用，俟仓粮变价随时归款可也，仰甘藩司移局饬遵。缴。

七月十九日

藩台岑批：单禀已悉。红崖口既无虑缺水，鹰嘴石亦生成平缓，均应如前禀办理。至粮价一时难于应手，请由该县厘局先行挪款应急，既据径禀应候督宪批示，仍将领单费办法遵照前批禀复，毋违。此缴。

七月十七日

---

① 退水闸：位于渠道末端、重要渠系建筑物或险工渠段上游，用于安全泄空渠水的水闸。
② 理合：理应，应当。
③ 祗遵：敬遵，旧时公文用语。
④ 夹单禀：文书名，上行文。清代官场下级禀贺上司有用手本照常写官衔，另用单帖叙事，夹入手本第一幅内者，称为"夹单禀"。

移 ① 姚县丞曾祺

七月二十六日

案查敝县禀修七星渠工，蒙督部陶批准拨帑兴修，并准委派贵委员驻工，经理一切，俾专责成。等因。

奉此，相应备文，移请贵委员，请烦查照，来移事理，并抄录院批知照，认真办理，望切施行。

---

① 移：清代无隶属关系的官署或官员间相互行文使用的平行文种。

移喻副将东高

七月二十六日

　　窃照敝县禀修七星渠工，业蒙督部批准拨帑兴修，并派四旗兵勇下县，于八月间开工修作，惟工程浩大，非得通谙渠务之人协同督理，恐致有误要工，贵军门前在宁夏带队修渠，历有年所。相应备文，移请贵军门俯念渠工关重，查照禀定章程，会同姚委员、高巡检常川驻工，经理一切，是所盼祷！

札渠宁巡检高攀斗

七月二十六日

照得七星渠荒废经年，业经本县禀准，列宪拨营发帑，兴修在案。惟查七星渠延长一百余里，分工修作，上下稽查，本县一人势难兼顾，而渠口闸工关重，尤须朝夕监修，认真经理，方免贻误要工。为此札仰该巡检，遵照禀定章程，会同姚委员等常川驻工，商办一切，毋得疏忽怠慢，有负委任。

谕① 七星渠首士

八月初一日

案照② 本县前因七星渠失修成废，有碍农田，当经酌议章程，绘具图说，并估计工料，禀请各宪鉴核发帑兴修，以资利赖，并恳委员督办，经理一切，俾免贻误，各在案。惟查明春工程浩大，责重事繁，亟应先期分别工所，选派绅民，帮同勷③ 理。俾各专责成，合行④ 谕饬，为此仰武生王桢、文生党雍熙遵照来谕内事理，刻即前赴渠口工所，监修进水、退水各闸，并跳水矮坝。各工查照章程，督率工匠妥为经理，总以工坚料实，经久不磨为要。贡生张明善、杨舍润督撇渠口、支水迎水两坝。武生王正学、黄开科、赵积善，贡生毛东华督修小径沟飞槽及拖尾闸各工。文生刘彦邦，武生王世宪、陈绍武，监生黄经五、朱成章、胡万明督浚渠口以下渠道，开宽十二丈，深六尺余。为的该生等务须各励精神，认真将事，毋得草率塞责，致负委任而误渠工。此系为民兴利之举，如有营私误公情事，一经察觉，定即查明，从严革究，毋得视为具文。切切。特谕。

---

① 谕：清代由长官告晓属员的下行公文文种。
② 案照：根据，依照。
③ 勷：同"襄"，指助、辅助的意思。
④ 合行：即拟合就行，其意为应当，应该怎样。

谕石厂匠头

八月初一日

案照七星渠工程，蒙各宪发帑兴修，并请委员督率经理在案。此次须用石料甚多，急宜开厂采用，合行谕饬，为此仰该厂头潘占鳌、光正明、张富贵、潘悦、田茂志遵照来谕内事理，刻即分立五厂，克日①开厂兴工。此系督宪饬修要工，须用石料甚多，酌定每车发给钱四十文，工竣厚加赏赐。该厂头人等不得故意掯勒，如有违误，定即从严究办不贷，其各凛之。切切。特谕。

---

① 克日：约定或严格限定（期限）。

谕监管石厂首士

八月初一日

案照七星渠工程，业经本县估计工程禀准。各宪发帑兴修在案。除按渠段分别谕饬遵办，各专责成外，所有秋后所开石厂，特谕赵积善、朱成章监管，为此谕饬，该首士遵照来谕内事理，刻即前去该处，将石厂按五处分立，厂内一应事务妥为经理。其运石车辆，从前每车发给运脚钱八十文，此系列宪饬修要工，须用甚多，减半酌议，每车给钱四十文。自谕之后，务须按照定章，分别如数实发，毋得稍涉朦混，致干①革究。

---

① 致干：干扰导致不方便。

谕监修渠局首士

八月初一日

　　案照县属七星渠工程，业蒙各宪发帑兴修在案。兹拟于鹰嘴石山创修龙王庙一所，以妥神灵，仍一面作为渠局俾委员、绅士有所栖宿。其应修工程，特谕王桢、刘彦邦二人经手监修，合行谕饬，该首士遵照，刻即前赴该处，将应修龙王庙地趾^①详细查阅，相度形势，克日兴工，仍将需用各项物料及时采办，以资应用。自谕之后，务须认真经理，毋得稍涉疏懈，并宜工坚料实，不得朦混取巧。切速切速。特谕。

----

① 趾：同"址"。

谕杨承基

八月初十日

案查七星渠工费浩大，凡应备之器具、应购之物料以及车价、匠工、渠夫、坝费一切收支出纳各项，亟应选派心精守洁之人经理账目，俾专责成，为此谕，仰五品军功杨承基遵照本谕内事理，刻即前赴渠工局所禀承局员，将应需各项账目细心经理。事关渠工要件，毋得稍有含混，致干查究。

会同四旗管带官通报拨队开工日期禀

光绪二十五年八月初九日

　　敬禀者，窃标下①等，前奉宪台札开：准修县属七星渠一案。因工程浩大，蒙饬标下等各带队伍开赴中卫，会同树枏分别段落，督率兴作，并饬将起程、兴工各日期具报查考。等因。奉此，标下美珍遂于六月二十四日由省拨队起程，于七月初四日行抵中卫，十五日开赴红崖子渠口驻扎。标下斌生遵于七月十七日驰抵宁安堡防所，所有接带日期及防所应办一切各事宜，业经另文申报在案。标下南斌于七月二十二日由府城开拔，二十六日即抵县属恩和堡工所，随就该处华严寺驻扎。标下万全于七月二十五日由府城拨队起程，二十七日到县属鸣沙州工所，现已驻扎就绪。标下等各按到工之期，先行移会王令知照。树枏于七月二十八九等日先后驰请各工所，以次面商一切，所以标下等均各拨八成队伍以备兴工，业由树枏分别查照无异，随即会同亲往沿渠上下，周历履勘，相度情形，分别次第，择其紧要。而不妨渠水者先行修作，分别段落，择定日期，同时兴工。标下美珍于八月初一日开浚鹰石嘴新渠一道，长三里余。标下南斌于八月初一日开浚八亩湾退水河一道，长约六里许。标下斌生于八月初一日开宽萧家闸以下渠埂。标下万全于八月初一日开浚鸣沙州荒渠一道，长约三里许，

---

　　① 标下：即部下、属下之意。

惟此渠废弃已久，淤塞渐平，此次兴修事与初创无异。现值工程经始，标下等自当会商王署令与委员等协力同心，督率营勇，约束绅民，踊跃从事，俾功归实践，费不虚糜，以仰副我宪台振兴水利之至意。所有兴工日期理合会衔禀报，仰请宪台电鉴，俯赐批示祗遵。

谕起秋夫 ①

八月二十日

谕七星渠首士张明善、王桢、毛东华、刘彦邦、黄开科、陈绍武、赵积善、王世宪、党雍熙、朱成章、胡万明、杨含润、黄经五、王正学知悉，照得该渠前蒙大宪督修此渠，兴复旧规，并蒙派拨四旗兵勇帮同修作，惟工程浩大，今岁各旗分段兴工，实有竭蹶之势。秋后若不起夫会同修浚，明春只有四十日，恐不能依限竣工，所关于农田者甚大，此事系为此渠规画久远，求一劳永逸之计。该士民等各有天良，各知利害，况秋夫一节又系乾隆五十一年旧章②，并非创自今始，仰首士等速即传谕各堡田户遵照，于九月初十日按亩起夫，至地冻而止。今年，多作一分之工，明年少用一分之力，务各踊跃从事，以顾要工，如敢抗违，定即提案究办。切切。此谕。

---

① 起秋夫：召集秋修民工。
② 旧章：即乾隆五十一年县令龚景瀚拟定章程。

起秋夫示

八月二十日

　　为出示晓谕事。照得七星渠工程已蒙督宪派拨四营兵勇到县，业经分段兴作，日起有功，惟工程浩大，转瞬即届地冻，且明春亦只四十日工期。现在兵勇虽有四营，而一经按段分作，人数反觉不敷，若不趁此起夫，并力修作，诚恐功大人少，不能克期竣事，于农田大有关碍。本县窃维此次修理渠道，无非为该渠绅民人等水利有赖起见，且极力规画，以图永逸之计，俾垂永远。该绅民各有天良，亟应仰体此心，争先趋事，以观厥成，况秋后起派民夫有乾隆五十一年定章可援，相沿未更，并非今日创举，且民力无累，于渠有益。除谕饬首士张明善等传知各堡田户遵照外，兹定于九月初十日，为起夫之期，合行出示晓谕。为此仰各堡有田花户等刻将自分田亩查明，共有若干，照章约计，如数出夫，务于九月初十日，按亩起派前往工作，至地冻而止。衣食之源所系在此，务各踊跃从事，以济要工。自示之后，如敢故违或隐匿亩数，希图脱夫情弊，一经查出，或被控告，定即提案严追究办，并加倍示罚不贷，其各凛之毋违。切切。特示。

谕起车运料

十一月初四日

谕七星渠首士张明善、黄开科、刘彦邦、毛东华、黄经五、杨含润、王世宪、王桢、朱成章、党雍熙、王正学、赵积善、陈绍武、胡万明等知悉，照得七星渠应需木料、石块必须于今冬预备齐全，方不误明春工作。现值秋收已毕，车牛无事之际，仰该首士等催令堡长，将车辆分日备齐，并将所买桩木按料分运，毋得抗玩，贻误要工，致干提究。

谕灰匠

十一月初五日

　　谕灰匠李青知悉。照得七星渠口闸工开春即须修筑，必须先期多修窑座，烧灰备用，惟沿渠向无灰石采运，须在百里之外，昨于十五日在渠口里许挖出灰石一坑，不知何年搬运备作修渠之用。仰该石匠赶紧挖取试烧，如果坚白可用，即多雇匠人运灰开烧，至于工价一项即与首士等议定，以便支给。切切。特谕。

四旗管带官会报停工日期禀

十一月初六日

窃本年七月间，蒙派四旗兵勇修理七星全渠，业将开工日期禀明在案。现在天寒地冻，不能兴作，均已次第停工。

标下美珍新开鹰嘴石以下山湾渠道，宽十二丈、深四五尺不等，计长二里有余。此处沙石最重，略施锹锸，水即溢出，兵勇多在水中工作，染病者每日不乏，刻下已作三分之二。开春水落，方能浚深如式，又渠口荒凉，向无居人，树栅于鹰嘴石山上建渠工局一所，连龙王庙共十八间，其土砖皆系标下美珍亲兵所作，兵勇皆于修渠之暇，搭建房屋以居，皆美珍捐资备办。标下斌生修理渠道，自双空闸起至盐池闸止，共修一万二千一百六十九弓①，长三十余里、加宽二丈五六尺不等。明春水落，始能挖取水平宽深如式，现与委员沿渠买树三百余株，派兵帮同斫伐，以备闸桩之用。标下南斌于八亩湾以下新开退水闸，河长六百四十二弓、宽三丈、深二三丈不等。又淘挖正渠自八亩湾至小径沟止，长二千六百四十弓，又从双庙子②至华严寺③止，长一千六百一十弓、加宽六七尺不等。南斌复

---

① 弓：旧时丈量田亩的长度计量单位，一弓约等于五尺。

② 双庙子：今宁夏中宁县恩和镇沙滩村孔台队。

③ 华严寺：又名华严塔，或砖塔寺。坐落在宁夏中宁县恩和镇华寺村。据塔旁出土的《重修塔儿寺碑记》记载，明成化年间（1465~1487年），就有了华严寺，一百多年后的万历年间（1573~1619年），此寺又进行了重修。

捐廉①三十余金，购买木椽，就庙内添盖房屋，以免兵勇寒冻。标下万全新开鸣沙州南支生渠，自红柳沟至分水闸止，长八百三十弓、阔三丈三四尺、深九尺。分水闸以上皆系正渠，至冯城沟止，长二千二百二十弓、开宽三丈五六尺、深一丈五六尺不等。冯城沟至小径沟长四千四百二十五弓、开宽四丈、深一丈八九尺不等。

树枬查各旗兵勇今岁兴作，祇两月有余，披星而往，带月而归，协力同心，皆视公事如己事，故能取效神速，全渠工作已有六七分之谱，惟明岁兴工，祇四十日为期，甚迫！现在已催车运石，雇匠烧灰，并商派兵勇于操演之暇斫桩备用，大约胶泥须五六千车，闸石须三万车，灰石须一千车，木桩须十万科②，必须备齐足用。铁镢、挑筐等器近已损坏多半，概须于今冬添补齐全，所费实属不赀③。标下于冬防无事之时，认真操演，不敢稍耽逸安，致负委任，至于防暇，仍将渠工应作之事帮同办理，以顾要工，所有各旗分作工程及停工日期，谨据实会禀电鉴。

督部陶批：据禀已悉。仍俟来年冻解，动工兴修，务望同心协力，克期告成，使农民及时同沾水泽，毋误春耕为要，另单并悉，仍候行司查照。缴。

十一月十二日

---

① 廉：养廉银。
② 科：同"棵"。
③ 赀：同"资"。

重修中卫七星渠本末记　卷中

中卫知县　王树枏辑

按亩派夫示

十二月十三日

案照县属七星渠工浩大，业经详请帑项，及时修理，俾兴水利而复旧额。现值兴工伊始，虽经派拨营勇帮同修治，而工程紧要仍须派用民夫并力工作，俾免迁就而速成功。查该渠所辖各堡，向来旧规均按塘数派夫，中多朦混，苦乐不均。

今特酌定章程，拟按熟田二十五亩，出夫一名，共做工四十五日，以四晌①为一日。按亩分工，每田一亩，应摊工一日零三晌半。兹查新宁安堡原额共田六千二百一十七亩一分六厘，除荒废外，就实征红册②，核对该堡现垦成熟田五千一百五十二亩六分③六厘④，依计亩出夫，按日分晌之法，应共摊工九千二百七十四个三晌，每日应得夫二百六名。旧四庄原额共田二千五百九亩二分六毫⑤二忽⑥，除荒废外，就实征红册，核对该堡现垦成熟田二千二十二亩六分六厘二毫，依计亩出夫，按日分晌之法，应共摊工三千六百四十个三晌，每日应得夫

---

① 晌：一天内的一段时间，一晌为三小时。

② 红册：清代用以记录征夫的田亩册。

③ 分：土地面积单位，等于一亩的十分之一。

④ 厘：土地面积单位，等于一亩的百分之一。

⑤ 毫：土地面积单位，等于一亩的千分之一。

⑥ 忽：土地面积单位，等于一亩的十万分之一。

八十一名。恩和堡原额田共二万二千四百六十六亩三分五厘七毫二丝^①六忽，除荒废外，就实征红册，核对该堡现垦成熟田一万七千八十六亩六分二厘，依计亩出夫，按日分晌之法，应共摊工三万七百五十六个，每日应得夫六百八十四名。鸣沙州原额田共八千九百六十二亩七厘，除荒废外，就实征红册，核对该堡现垦成熟田二千三百八亩四分九厘，依计亩出夫，按日分晌之法，应共摊工四千一百五十五个一晌，每日应得夫九十二名。合计四堡熟田共二万六千五百七十二亩四分三厘六毫，共出夫一千六十三名，共工作四万七千八百二十六个，如有短夫情事，不论何堡，即按一名罚钱三百文。至明年渠工需用颜料^②，斟酌旧规，每亩出钱七十文，合行出示晓谕，为此示仰各该堡田户并绅耆、士庶一体知悉。凡属有田之户，务须查照定章，按亩摊派每夫一名，摊工一日零三晌半，如不足分数或故意短夫，定即按名议罚，决不宽贷。自示之后，毋得视为具文，其各凛之毋违。切切。特示。

① 丝：土地面积单位，等于一亩的万分之一。
② 颜料：麦草、红柳、白茨、筏筏等总称。

征收坝料钱文示

十二月十八日

照得七星渠工程，明岁坝料钱文，前经本县明白示谕：按以熟地计亩，完纳在案。转瞬春工到期，亟应定期抽收，以资拨用，而便工作。兹定明岁正月十五日开征，除派差分催外，合行出示晓谕，为此示仰该七星渠上下各段受水田户人等遵照。各按定章，每亩出工料钱七十文，该纳户等务即赶速措借，前赴七星渠分局，扫数完纳，不得蒂欠①，并随时掣取串票②收执。渠工关重，仍须踊跃争先，毋得观望拖延，致有迟误。自示之后，倘有刁生、劣监故意违抗，一经查出或被告发，定即提案，严行究追，从重责罚，决不姑宽，其各凛之毋违。切切。特示。

---

① 蒂欠：拖欠。

② 串票：旧时缴纳钱粮的收据。

开工日期禀

光绪二十六年二月二十日

窃照卑县七星渠工程，自去冬寒凝冰结后，旋即停止，业经具禀通报在案。

现值阳和始布，冰冻尚未全解，而工程浩大，不能及早兴修。某于二月初旬驰抵工所，会同各旗官，相度土宜，自盐池闸以下抵八亩湾，凡十五里，渠埂皆系沙土堆积，高三丈不等，必须先将此处展开一二丈，方能修浚渠身。沙土向来经冬不冻，易于施工，因与各旗画清段落，定期于二月十二日开工，以便合力修作。所有各旗兵勇，除旧原有庙宇，以资栖息外，余皆携带布棚，率由隙地按段挨次屯扎，并无擅驻民房情事，所有兴工日期，理合禀请宪台鉴核。

督部魏批：据禀已悉。仰即移会各该旗官，各按段落督饬兵勇赶紧妥为修浚，以冀早告成工，是为至要。缴。

三月初二日

渠口闸工告竣禀

四月二十二日

窃卑县七星渠荒废经年，去岁，蒙督帅陶饬令兴修，并派拨四旗兵勇下县，协同修浚。某以渠口为全渠之咽喉，而此处向来屡受山水之害，以致全渠淤废，田亩荒芜，人民逃散者约至十分之半。某亲勘地势，禀请于渠口之下鹰石嘴建筑进水、退水二闸，以防山水不时之虞，业蒙允准在案。惟彼时正值农田用水之时，至冬水放后，地又冻结，皆不能及早兴工，今岁清明后开工至立夏前后，仅三四十日，即又到放水之期，工程浩大，迫于期限，兴作之艰，祇以此故。

某奉札后，于兴修一切坝料皆在年前购齐，而各旗则自去年到工，皆先分段倒埂开宽，以为今岁浚深之地。今年三月初二日起夫到工，值山水微细之时，先将大坝合龙，支入黄河，以便下游兴作。彼时绳量黄河开渠处之口，面宽七十丈，凡撇支水石埢三十丈，迎水石埢十二丈，皆底宽十丈，出水顶阔七八尺。进水、退水石闸六墩五空，淘至石底，密钉木桩，上铺红石，底塘凡宽七丈、长二十丈。进水南边墙宽一丈、长八丈，进水中二墩皆宽一丈二尺、长一丈六尺，分水墩头宽一丈五尺、尾宽四丈、长八丈，退水中墩宽一丈五尺、长三丈，退水北边墩宽一丈六尺、长三丈五尺，进、退水闸每空皆宽一丈六尺，接撇挑水矮堋宽一丈三尺、长四十三丈、入地一丈、出地三尺。至沿渠之减水各闸凡补修三道，而拖尾一闸，则从新修筑，以备灌溉鸣沙一带之高田。以上诸工皆于四月九日告竣。

各旗兵勇则自今年二月十二日起工，凡开深渠道八十二里。渠口至鹰石嘴长一里、开宽二十丈、深六尺，鹰嘴石以下系傍山，新来渠道长二里、宽十丈、深七尺，接旧渠至龙王庙，长八里、宽七八丈不等、深六尺，龙王庙至插花庙①长五里、宽六七丈不等、深六尺，插花庙至石峡长十里、宽五六丈不等、深六尺，石峡至盐池闸长十里、宽四五丈不等、深六尺，盐池闸至大渠桥长十四里、宽三丈余、深五六尺，大渠桥至小径沟长八里、宽二三丈不等、深五六尺，小径沟至鸣沙州长二十里、宽二丈五六尺不等、深五六尺，以上各工均已一律修造坚固，疏浚深通。

惟小径沟飞槽，去春修筑之石墩、边墙皆为水浸，捐此工为渠道中腰最关紧要，非澈底改作坚实难期久远，而此间所用之石均系撬石，无能用钻者，非知工匠人不能修筑，某遍觅合县石匠只得三十余人，渠口闸工仅敷使用，迫于时限，万不能兼顾他处，至误要工。因依南山，另开一渠，长三里许，接小径沟上下之渠，权行渡水，以济鸣沙州夏田之用，俟将槽洞作好，仍使改行旧道。某已于初十日调拨渠口匠人，全在小径沟工作，约计四月内必能告成，将来做毕，即另为图说，恭呈鉴核。

某谨于四月十一日祭河开水，洪流直注，刻已到梢，较之往年多至十分之七。鸣沙州荒熟各田，概行灌溉，堪

---

① 插花庙：又称茶坊庙，原址位于宁夏中宁县古城乡黄桥村，七星渠贴渠桥东南30米处，为中宁县重点文物保护单位。

慰宪厓①，至于一切工程可否派委宁夏本道、本府就近验工，以昭核实之处，出自钧裁。再鸣沙州现在承领荒田四十余顷，流亡复业者二百余家，合并声明。

督部魏②**批：**据禀七星渠闸工告竣，渠道疏通，请就近委员勘验工程禀由。仰甘藩司即便移饬宁夏道、府会同查勘，具报。缴。

五月初八日

藩台岑批：据禀知七星渠前定各工克期蒇事，未尽各工确有把握，祭河开水多于往年十之七，承领荒田旋复流亡二百家，贤令尹长才，实心为地方造此厚福，庆幸之余继以欣羡，至验工之举似可俟，飞槽一律工竣，再行照例委办也，仍候督宪批示。此缴。

五月初八日

---

① 厓：同"厓"。

② 魏：即魏光焘，公元1837~1916年，湖南隆回人。与李鸿章、张之洞、刘坤一等同为十九世纪八十到九十年代清政府的重臣。曾任新疆省布政使，新疆巡抚、云贵总督、陕甘总督，后任两江总督、南洋大臣、总理各国事物大臣。署理两江总督期间，继刘坤一、张之洞之后，筹建三江师范学堂，是开办近代新疆博达书院、南京大学的重要人物之一。

敬陈文武员弁在工出力禀

四月二十二日

卑县七星渠自渠口至鸣沙州长约百里，渠口以下十数余里全系石子凝结而成，有累年不解之冻。龙王庙以下六七十里概系黄沙压没渠身，深不及尺，工程浩大，万非民力所逮，若再不修作，则四五年后便成废渠。

去岁，蒙宪台派拨四旗兵勇下县，自七月间开工，至四月放水之日，或分段兴修或通力合作。旗官陶美珍、陈斌生、董南斌、总哨长①梁伏本等督率兵勇，认真将事，五更上工，日西始息，暴身于酷暑狂风之下，赤足于坚冰虐雪之中，淘浚之艰，力役之苦，实非笔所能述。前奉宪台札饬各旗，以八成队伍上工，某逐日在工查点各旗人数，尚有不止八成者，若非该旗官等躬亲督作，视如己事，则立夏以前祇四十日，工程万不能如此之速，而且固也。至于河身之映水大坝，鹰石嘴之进水、退水二闸，小径沟之飞槽，丰城沟之阴洞以及三道拖尾各处闸工，皆系姚委员曾祺、署巡检攀斗监修督作，画夜奔驰动逾百里，任劳任怨，艰瘁不乱。凡一切工程皆与某熟商办理，毫无掣肘之虞，故能戮力同心，用葳厥事②，此皆目所亲击，万不敢一言虚饰，上负宪台委任之至意。惟自放水以后，民夫皆务种田，

---

① 哨长：负责巡逻、警戒、放哨的低级官员。

② 用葳厥事：事情办理完成。

不能再派工作。

渠口以下三十余里有萧家闸一座,为退水泄沙之要工,败坏已久,尚须补修,又自八亩湾以下新添退水闸一座,河身尚有四五里,未及开通,皆须各旗兵勇补修续作。此二处者修理完竣,即接修鸣沙州以下红柳沟暗洞,开白马通滩三万余亩之田,将来如何修作,估工若干,容俟另案禀陈,恭呈鉴核,伏乞宪恩,仍将四旗兵勇及高署巡检、姚委员留工办理,始终其事,则造福生民,为无既矣!

督部魏批:据禀七星渠以下萧家闸等处要工败坏已久,亟应接修完固,准如请将四旗兵勇及高、姚二员仍留工作,以竟全功。此缴。

五月初十日

藩台岑批:据禀已悉。文武队伍之戮力同心,益见该员之作用有方,自应仍留四旗并高、姚二员以竟全功,仍候督宪批示。此缴。

五月初十日

敬陈七星渠首士在工出力禀

四月二十二日

此次渠工浩大，沟路绵长，虽系重修，无异创始。必得熟悉水利，认真办事之人分工督作，各专责成，方能收众擎易举之效。

某集众筹议，选派士民，饬武生王桢、党雍熙、张光耀督饬鹰石嘴之进、退水五空大闸及接连之跳水长埽。饬贡生张明善，廪生①杨含润督撇渠口迎水支水之大埽。饬增生②刘彦邦、监生黄经五、武生王世宪督修渠口以下渠道。饬首民朱成章督修泄沙退水三闸。饬武生王正学、黄开科、陈绍武、赵积善、首民胡万明督办小径沟飞槽物料，修理冯城沟桥洞及拖尾一闸。饬五品军功杨承基经理一切坝料及出入帐项。

自去年七月起，今年放水之日，无日不住居工所，粝食露居，雨雪风沙，备尝艰苦。凡地方刁生、劣监阻挠公事者，皆能持平办理，不避怨嫌，虽系为身家，切己之图，而竭蹶微劳不无足录，合无仰恳宪恩，将王桢、党雍熙、张明善、杨含润、张光耀赏给五品功牌，黄经五、王世宪、

---

① 廪生：即"廪膳生员"，明清时称由府、州、县按时发给银子和生活补助的生员。

② 增生：明初生员有定额，皆食廪。其后名额增多，因谓初设食廪者为廪生，增多者谓之"增广生员"，简称"增生"。

胡万明、朱成章赏给六品功牌，以示鼓励。出自逾格鸿慈，则感戴生成，为无既矣！

督部魏批： 单禀已悉。该县武生王桢等十人料理渠工，一切事宜不无微劳足录，应一律填给六品功牌各一分，以示鼓励，功牌随批附发，仰即查收分给祗领。具报。缴。

五月初一日

致中卫县

六月初一日

五月二十一二等日，此间大沛甘霖，透土尺许，农望颇慰。此次雨势甚广，想中卫一带亦已膏泽同沾矣！前此几旬之间，拳匪滋事，外洋各国纷纷召兵保护使馆，各节谅尊处早有所闻，迭接西安转电，枢臣一意主抚，早已虑其难了。乃昨接敬电，竟以该匪不戢①，致开衅端，现在各国之兵麕集②天津海口，云已开战，京师戒严，北望弥深焦痛，根本摇动，人心皇皇，赴援防堵各务，在均须整备。拟将宁标练军及镇夏后旗调赴平凉扼要驻扎，以资兼顾关陇，该旗等现办渠工应即暂停，先其所急，俟军务稍松再议修理，卓见当亦谓然也。除另备公牍外，特此布知。

魏光焘

夏间北方拳匪乱起，启衅强邻，廷旨征兵，急如星火。五月二十八日，魏帅札调陶、董两旗，由岑藩台统带入卫，而宣威中旗及甘军副前旗亦于七月间各调回防操练，渠工虽尔中止，功亏一篑，惜哉！

辛丑六月初五　树枏誌

---

① 戢：止，停止。
② 麕集：聚集。

小径沟桥洞竣工禀

光绪二十六年六月二十日

窃卑县七星渠小径沟向系单阴石洞，山水下渡，渠水上流，数十年经山水冲决，鸣沙州田亩荒废至今。现时承种纳粮者，祇二千余亩，年年缺水告灾，人民逃散。

去岁，胡升司于单阴洞旧址之上百余步，造建飞槽两空，颇著成效，而飞槽概系木质，风吹日炙，易于漏裂，不能经久。今年渠口来源浩大，渠道宽深，飞槽之石墩、边墙为水力压损，某与陶副将美珍及合堡士民商酌，仍改作单阴桥洞，以为百年不敝之计。计自五月初一日起工，至六月初十日竣工，其洞下钉木桩，上铺钻石，洞上架木梁，铺木板，以桐油、石灰弥其缝，以石板铺平底堂，以羊毛、胶泥铺厚一尺，上筑黄土二尺五寸，又通长二十丈、宽十二丈，铺胶泥一尺，坚筑之得六七寸，复以黄土夯筑三尺许，适与上下渠平，然后和马兰草筑两边土塀，各宽三丈五尺、高八尺，中留渠道两丈，前后置以水平，以为浅深记识。洞长凡九丈、宽一丈一尺、高一丈，石边墙东西前后四处各长四丈七尺五寸，凡用钻①石二千七百九十块，红毛石一千八百车，碎石二千车，石板一十六万七千七百七十斤，边梁八根，横梁四十八根，立柱二十二根，铁拉马五十四枚，大铁钉五百六十四枚，厚木板七十六块，桐油六十二斤，羊毛五百斤，胶泥一万三千车，石灰四十二万八千斤，

---

① 钻：同"錾"。

马兰草十万斤。其工则陶副将美珍带队督修，游击董南斌协同兴作，某复移请前甘肃补用副将喻东高常川驻工监视。六月初陶、董两旗调赴平凉，洞旁土埂尚未告竣，甘军总哨梁伏本、管带宣威中旗陈斌生接续分筑南北二埂，现已一律告成，水势畅流，鸣沙洲一堡之田可保，永无缺水之患。

　　某查七星全渠被山水之害凡四处，闸工告成，则咽喉已通，而山水之害去其一，小径沟洞工告成，则心腹无阻，而山水之害去其二。下次则丰城沟双阴洞，今岁已补修完好，惟余红柳沟暗洞一处尚未修复，然上游源头已旺，则将来接续修作，势如破竹矣！所有小径沟工竣缘由，理合禀请宪台鉴核，一并札饬本府验工，实为德便。

宁夏本道府勘工札

光绪二十六年七月初一日

五月二十日，准藩司岑移奉督宪魏批，据中卫县王令禀七星渠闸工告竣渠道疏通请就近委员勘验工程禀由。奉批：据禀已悉，仰甘藩司即便移饬宁夏道府，会同查勘，具报。缴。等因。

奉此，查此案，前据该县径禀到司，当即批示，印发在案。兹奉前因，拟合移知①。为此合移，请烦查照院批内事理。希即，督同宁夏府前往中卫，将王令修竣七星渠工确切查勘，是否工坚料实，有无偷减浮冒情事，联衔②径报督宪查核，并复本司备案施行。等因。

准此，本道、府定于七月二十一日，由宁起程前往会勘七星渠工程，除分别申咨并道署公事，札委宁夏县代拆代行③府署公事，札委宁朔县代拆代行外，合行札饬该县，即便知照此札。

---

① 移知：移文通知。

② 联衔：联合署名。

③ 代拆代行：一般指上级不在时，由专人负责代理拆阅、审批和处理公文。

本道府宪勘工禀

八月十六日

案奉藩司移奉宪台批，据中卫县王令禀七星渠闸工告竣渠道疏通请就近委员勘验工程禀由。奉批：据禀已悉，仰甘藩司即便移饬宁夏道府，会同查勘，具报。缴。等因。

移道行府，奉此职道，于七月二十一日，会同卑府，轻骑减从，束装起程，二十四日驰抵宁安堡。次早督率温旗官泽林，中卫县王令树枏前往查勘七星渠口下之鹰石嘴，新建进水、退水石闸六墩五空，规模宏峻，工程坚固，以及支水石堋、迎水石堋，均甚得法。而接撅跳水矮堋尤关紧要，与进水、退水闸相辅而行，水大则翻堋退入黄流，水小则截拦入渠。盖此渠向受山河之害，每患山水冲决，以致渠身淤塞。现在水之进退，宛若臂之，使指捒^①纵，由我下灌全渠，有利无害。尚虑山河水力无常，闸工或有不测之虞，询之该渠士民佥云，本年连发山水四次，未见稍有撼动，此勘验闸工之情形也。随沿路折至渠口以上山河大坝，前经胡升任修筑未免单薄，现经各旗勇加宽培厚十丈余尺，足截山河之水，永资利赖。并勘一路，渠道疏通，河水畅流。新堡桥迤下盐池闸之旁，复开支渠，增田数百亩，向之荒芜者，今则禾黍青葱矣！

此皆仰蒙宪台广兴水利，为万民造无疆之福。王令实心实力，任劳任怨，克蒇厥功也。小径沟工程亦经告竣，

---

① 捒：聚。

顺道踏勘，原设飞槽诚易漏裂，现王令改作单阴桥洞，以为百年不敝之计。洞用石墙砌成，洞上木梁、木板以及铺底石灰、胶泥等项尚无渗漏之处，工程亦极巩固，水势畅足达稍，诚能祛心腹之患，无山水之害。至洞顶、渠墂已饬首士等妥为巡护，以免来源过旺，致有疏虞。丰城沟双阴洞修补完好，自七星渠口至鸣沙州通渠工程，兵民合作，挑挖宽深，水势甚旺，一切工程均属工坚料实，与王令开报相符，足资经久，并无浮冒情事。惟八亩湾王令拟建退水闸，藉资宣泄，又红柳沟洞年久淤塞，业已废坏，将来修成，可开白马滩数万亩之田，应由王令斟酌筹办。

查七星渠荒废有年，幸王令才长心细，措置得法，竭力经营，不辞艰瘁，方能成此大工，实非寻常劳绩可比。应如何奖叙之处，伏乞宪裁。至修理闸工首士党雍熙等，业经王令请奖六品顶戴。现在小径沟工程一律告竣，所有出力之首士王正学、陈绍武、赵积善、黄开科四名亦应一律给奖，以免向隅。所有遵札会勘缘由，理合禀复大人查核，俯赐批示祇遵。

树枬谨案，山河大坝修筑不过一年，今秋果被山水冲决，不出余之所料，此工若果如是之易，必不待今日始筑此坝矣！

辛丑九月十五日　誌

札中卫县

闰八月初十日

准署藩司何①移奉署督宪魏批，本道府禀复，会勘中卫县七星渠工，经该道府会同勘验，均属工坚料实，足资经久，阅禀实深欢慰。王令树枏于前项渠道竭力经营，不辞劳瘁，卒能克竟厥功，实属异常。出力各员并听候专案具奏，分别酌请奖叙，以示鼓励。其首士人等应现酌奖功牌者，并准王令查开职衔，呈候填发。至八亩湾及红柳沟洞建闸挑浚之处，并由该令斟酌损益，妥慎筹办，俾期利赖同沾。仰甘藩司即便移饬遵照。缴。等因。

奉此，查此案，昨准贵道径咨到司，正核办间，递奉前因，拟合移知。为此合移，请烦查照院札内事理，转饬遵办施行。等因。

准此，合行札饬，为此札仰该县，遵照院批办理。切切。此札。

---

① 何：即何福堃，光绪三年进士，曾任甘肃布政使、署理陕甘总督。

66

请奖功牌禀

九月初十日

敬禀者，窃卑县小径沟桥洞工竣，业蒙宪台札委本道、本府会勘七星渠上下工程，会禀在案。顷奉本府札开：奉宪台批饬首士人等应先酌奖功牌者，并准王令查开职衔，呈候填发。等因。

奉此，查卑县闸工告竣，其首士王桢等业蒙奖给六品功牌。现在小径沟桥洞大工亦经修筑完固，其督修之首士武生王正学、陈绍武、黄开科、赵积善四人，奉公半载，不无微劳足录，合无仰恳宪恩，一律赏给六品功牌，以免向隅，是否之处，伏候裁誉。

督部魏批：据禀七星渠首士王正学等督修小径沟桥洞工程，无微劳足录，准如请填给六品功牌四张，以示鼓励。功牌随批附发，仰即查收，分给祗领。具报。缴。

九月十一日

七星渠报销禀

十月二十六日

　　窃卑县七星渠灌田七八万亩，延长一百七八十里，为一邑诸渠之冠，而田土肥美，亦甲于诸渠。数十年前，渠口为山水冲塞，小径沟、红柳沟两处环洞、暗洞亦先后为山水所坏，鸣沙州及白马滩各堡人民逃散，田亩荒芜，其以上各堡仅能得水之田，亦被山水所淤变成斥卤。当时屡议兴修而工费浩繁，因循不果。

　　去岁，胡升臬司于渠口上游筑一山河大坝，以御山水，迄未合龙。小径沟创建飞槽未久即圮，以民力不足，修费太廉，暂顾目前，终无大效。某去岁到任后，奉前督宪札谕，设法兴修并允变卖仓粮，通挪厘项，派拨四旗兵勇，下县兴修，诚千载一时之遇。某当即传集熟谙渠务之绅耆、士庶，沿渠上下勘验七次，以为此渠大利，虽在白马通滩，然非次第兴工，先将上游渠口治好，则来源乏水即骤，开白马滩以下之田，终亦徒耗工费归于无济。某禀请于渠口下游鹰石嘴山创筑进水、退水二闸，以防山水冲塞之患，小径沟为全渠腰腹，飞槽易朽，改为桥洞，以为一劳永逸之计。自鸣沙州以上各闸皆依次修补完善，而兵勇则专浚渠道，近虽宽深，未能据复旧轨，其鸣沙州以上一百一十余里之田，已无缺水之虞，咽喉既通，腹心无患，祗余红柳沟尾闾①一处。

　　某业于闸工告竣之时，禀请接续修作在案，嗣因京畿乱起，各旗停工他调，红柳沟暗洞未及修复，功亏一篑，

---

　　① 闾：汇聚。

须待来年检查前卷，迭次估计，全渠工程皆在十万金上下。

去岁谢守威凤估计渠口闸工及小径沟桥洞两处，亦禀称非二万金不可。某躬督修做，凡一切工料皆视亲自点检，不假手绅衿[1]，凡用中卫市平银一万三千七十三两一钱五分三厘，业经告厥成功。本道、本府逐一勘验，工坚料实，禀明在案。除某垫银一千五百四十五两三钱六分四厘一毫七丝不计外，其变借仓粮，中卫市平银六千九百七十两，挪借厘金库平银四千两，前任移交挪借厘金湘平银四百一十二两五钱一分四厘二毫，皆已实用实销。现正催收鸣沙州已领荒地价银大约在二千两之谱，拟收齐后，尽数归还厘金，借款容俟，另案禀报，其不敷之数可否准其作正闸销，抑俟开通白马滩三万亩荒田后经收地价再行归还，谨缮造清册[2]，伏呈鉴核，批示祗遵。

署藩宪潘为札饬事。案奉护督宪何复，据该县禀，赍兴修七星渠闸工桥洞一切制造工费，报销清册奉复。七星渠为合邑民食所关，数十年来渠塞田荒，皆因巨费难筹，逐而废置。该令莅任后，不惮烦难，躬亲督修，卒收事半功倍之效，洵属办事认真，殊堪嘉尚。所有挪借厘金不敷之项，应俟开通白马滩荒田收获地价再行归还，以清公款。其余未竟各工，仍由该令接续修整，另文报核，希甘肃布政司即便查核饬遵，并移行宁夏道、府及厘局知照，此致。册存。等因。

奉此，查此案，昨据该县径禀到司，正核办间，兹奉前因，除分别移行外，合行札饬，为此札仰该县，即便遵照院批内事理办理，毋违。此札。

十一月十五日

---

① 绅衿：绅，绅士，有官职而退居在乡者；衿，青衿，生员常服，指生员。

② 清册：详细登记有关项目的册子。

仓粮变价报销禀

光绪二十六年十一月二十六日

窃某于十一月二十八日奉藩司札开，案奉宪台札开：据该县禀赍兴修七星渠闸工、桥洞，一切制造工费报销清册，云云。等因。

奉此，窃查卑县七星渠一切工程系奉文挪用仓粮变价及厘金两款，挪借厘金不敷之项，已蒙批准，俟将来开通白马滩荒田，收获地价归还。而仓粮一项事同一律未蒙明示，应请一并立案遵行，实为公便。

府宪崇为饬知事案，奉道宪志札开：准署藩司潘移奉护督宪李①复，据中卫县王令禀，七星渠挪用仓粮一项，恳请一并批示立案，禀由奉复该县修理七星渠，挪用仓粮变价，准一并立案。俟开通白马滩荒田，收获地价，同厘金借项一并归还，以清公款。希甘肃布政司即便查照饬遵，此致。等因。

查此案，前据该县径禀到司，正核示间，旋奉前因，拟合移知，为此合移，烦照院批内事理，希即转饬遵照施行。等因。

准此，合行札饬，仰该府即饬中卫县遵照此札。等因。奉此，合行札知。为此札仰该县遵照此札。

光绪二十七年正月二十七日

---

① 李：即李廷箫，湖北黄安人，清末官吏。以进士累官山西布政使、署理陕甘总督。

重修中卫七星渠本末记　卷下

中卫知县　王树枏辑

恳请拨营筹费续修红柳沟以下工程禀

十二月初九日

　　窃某于本年十一月二十八日，奉藩司札开，案奉宪台札开：批该县七星渠等处水利为合邑民食所关，数十年渠塞田荒，皆因巨费难筹，遂而废置。该令莅任后，不惮烦难，躬亲督修，卒收事半功倍之效，其余未竟各工，仍由该令接续修整。等因。

　　奉此，窃查卑县七星渠荒废之田，尽在鸣沙州及白马通滩一带，前蒙派拨营勇四旗下县修作，今岁七月以前将渠口闸工及小径沟桥洞次第修浚。鸣沙州荒、熟各田，概行浇溉，凡开垦四十余顷，工竣之后，禀准接修红柳沟暗洞，开通白马滩三万余亩之田。正拟八月开工，忽奉前督帅魏函谕，以北方拳匪滋事，京师戒严，拟将宁标练军及镇夏后旗调赴平凉，扼要驻扎，以资兼顾关陇，现办渠工应即暂停，先其所急，俟军务稍松再议拨营修理。等因。

　　随于六七月间，各旗皆先后开拨，渠工随而中止。今幸天心厌乱，军务粃平[1]，若不及时禀请兴修，殊无以仰副列宪振兴水利，谆谆为民之至意。但查红柳沟以下田户逃亡，无一民夫可起，且上下渠身宽深尚未复旧，又加以红柳沟以下之正渠、子渠皆须重新修浚，非派拨三、四旗兵勇专力兴作，万难济事。合无仰恳宪恩，仍照旧派拨宁标练军及宁夏甘军，协同驻扎卑县之宣威、中旗一并札调

---

① 粃平：平定，安定。

下县修渠，以了未竟之功，实于国赋民生大有裨益。至于红柳沟暗洞冲废已久，将来修作需用灰石、泥、木一切工料所费不资，大约需六七千金之谱。此项或由宪库拨款，抑或遵照前督宪陶批饬，仍由卑县仓粮变价开支，统祈批示祗遵，实为公便。

护督何复本司，详覆核议。中卫县禀请拨营筹费续修红柳沟工程，详由奉复如议办理，希即饬遵。此致。

三月十八日

藩台核议详覆稿

为核议详复事，窃奉宪台复，据中卫县王令树枏禀，恳请拨营筹费续修红柳沟以下工程批示祗遵一案，奉复据禀已悉。该县红柳沟暗洞冲废已久，工程浩大，请派营勇帮修，事属可行。惟所需经费请由仓粮变价开支一层并未声明，系何项仓粮，曾否报部有案，殊属含糊，究竟该令上年修渠，系由何款开支，希甘肃布政司迅速查案核议，详复察夺饬遵。此致。等因。

奉此，遵查该县续修红柳沟以下之正渠、子渠，攸关国赋民生，洵为当务之急，惟现值和议方成，民心未定，又界连蒙境，尤须拨兵弹压，以期相安。第该处工程亦属紧要，未便置之高搁，本署司复加酌核，拟请饬现扎中卫之宣威中旗就近将红柳沟暗洞迅速开通，所请派拨宁标练军、宁夏甘军协修之处暂存缓议。查前项渠工所需经费，上年该令修渠时，曾请变卖仓存陈粮四千石，暂归渠工动用，拟将领单之费归还借款，嗣因仓粮变价，一时难于应手，禀请由中卫厘局先行挪借应用，俟仓粮变价随时归款。均奉前宪台陶批准照办在案，并未报部。

兹该县续修红柳沟以下工程，应需经费，仍请照依前案由仓粮变价开支。至红柳沟上下渠身既称尚未复旧，应令该县一并修复，总期工归实在，费不虚糜，所有核议缘由，理合详复宪台鉴核批示，以便饬遵。为此具呈，伏乞照详施行。

请札派宣威中旗接修暗洞禀

光绪二十七年八月二十五日

窃卑县七星渠工前蒙派拨宣威中旗步队修理红柳沟暗洞，刻下已将西半洞修成，东半洞亦经挖开修作，约计九月中即可告竣。查此渠绵长一百七八十里，凡四受山水之害，数十年前被山水将飞槽、暗洞冲坏，田亩荒废，民户逃亡，屡经前宪札议修复，因工费浩大，无人倡首兴修。某到任之初，前制宪陶即札饬，估工修作，并派拨四旗兵勇下县，专力兴修。某当即复勘通渠，绘图贴说，禀请先修渠口进、退水闸，并小径沟飞桥，以去咽喉及腹心两道山水之害。此二处修成，然后接开红柳沟暗洞，则次第兴作，方有把握。陶制宪一一照准，期以三年。去年六月以前，已将渠口闸工及小径沟桥工一律告竣，开宽渠道一百一二十里，鸣沙州荒田垦复四十余顷，方拟接修红柳沟暗洞尾闾①一处，开垦白马滩三万余亩荒田。

而七月间，因北方拳匪滋事，各旗兵勇或调赴北征或回防操练，此工遂尔停止，今春复蒙派拨宣威中旗接续修作，以竟全工。此洞一成，则下可开二三万亩之田，通渠大利，全在于此，但洞成之后，以下渠道长四五十里，此间久荒成废，旷无居人，非藉兵力开挖，万难垦复。昨奉总理营务处（布政使何、按察使潘）札饬案，蒙宪台批据，署宁夏汤镇来文，核兴该营务处所禀相同，自应如议。将甘军

---

① 尾闾：江河下游。

两营改驻宁灵、宁安一带，以期声势联络，惟宣威中旗步队尚在帮修渠工，应否俟工竣，再行更调，抑或留队作工，仰即分别转移遵照，妥筹办理此札。等因。

仰见宪台筹画精详，因利利民之至意，窃以卑县渠工正在功亏一篑之时，深恐甘军不习工作，功废垂成，不如仍饬宣威中旗始终其事，以资熟手。某系为国课民生起见，可否之处，伏候钧裁。

督宪崧[①]**批**：据宁夏镇申报留队接修七星渠暗洞工程各情一案，奉批：据申已悉，仰甘藩、臬司查照饬知。缴。

十一月初三日

臬台潘批：宣威中旗步队修理七星渠暗洞，功在垂成。此次宁夏总镇[②]汤抽调该旗赴宁夏府城驻扎，原议俟渠工告竣，再行开拔，业经详奉督宪批准在案。据禀前情，仍候咨请宁夏总镇汤转饬遵照办理，仍候督宪暨布政司批示。缴。

九月初九日

---

① 崧：即崧蕃，公元1837~1905年，字锡侯，瓜尔佳氏，满洲镶蓝旗人，清朝大臣。咸丰五年举人，初为吏部郎中。光绪五年，任四川盐茶道，屡署按察使。十一年，授湖南按察使，迁四川布政使。十七年，擢贵州巡抚。后调云南巡抚，擢云贵总督。二十六年，调陕甘总督。三十一年，调闽浙总督，未上，以疾卒，追赠太子少保。

② 总镇：即总兵，清代为绿营兵正，官阶正二品，受提督统辖，掌理本镇军务。

红柳沟暗洞工程告竣禀

九月十八日

案奉前署藩司潘详准,卑县续修红柳沟以下之正渠、子渠,攸关国赋民生,洵为当务之急。饬令现扎中卫县之宣威中旗就近将红柳沟暗洞迅速开通。等因。

由府转行下县,奉此,窃查红柳沟山水发源于平远一带之罗山①,驶出南山入卑县红柳沟,以达黄河。每当六七月间,大雨时行,山水暴涨,高二三丈,挟泥带沙,势极汹涌,其性碱卤,最足害田。

七星渠水由东达西,当年红柳沟修环洞②五空,渠水由桥洞上流,山水由桥洞下渡。乾隆年间,环洞被山水冲决,改修暗洞,使山水由洞上过,渠水入洞由地中暗行,白马滩遂成富庶之区,年年丰稔③。道光年间,暗洞损坏,渠水不通,白马滩三万余亩之田遂就荒芜,人民逃散,无一存者,至今且数十年矣!自后当事者屡议兴修,岁岁委员勘估工费,皆以费用浩繁而止。某检查旧册,即此一洞估费至数万余金犹复④,人人畏难,无敢承办。

前督帅陶以七星渠为中卫水利之大宗,国课民生之所

---

① 罗山:位于宁夏南部同心县境内,呈南北走向,绵延三十多公里,宽十八公里,主峰"好汉圪塔"海拔2624.5米,是宁夏中部的最高峰。

② 环洞:今指"涵洞"是高低水道分流的交叉建筑物。

③ 丰稔:丰熟,富足。

④ 犹复:仍然还如从前。

系，决意兴复，因饬某到任踏勘通渠兴废之由，利害之所在，并命详陈办法，绘图贴说。某详勘此渠，长一百七十八里，渠道淤塞，来源不旺，即将暗洞修成而下游之田乏水，灌溉亦为徒劳罔功之举，渠口山水为通渠大患。于是详请建立进水、退水二闸，以利咽喉。小径沟山水为通渠腹心之患，于是详请建筑飞桥，以达渠水于鸣沙州一带。此二处工程告竣，然后接修红柳沟暗洞，则次第兴工，事有把握，方不至卤莽偾事，枉费工力。陶宪一一批准照办，并拨派四旗兵勇下县帮同修浚，自去年三月开工，至七月止工，已将渠口之进、退水闸，小径沟之桥洞一律告成，开通渠道一百一十余里，渠水畅流，田禾概行普种，鸣沙州一带荒田垦复四十余顷。方经禀准，接修红柳沟暗洞，续开白马滩田，嗣因北方军务纷兴，各旗营勇或调赴北征或回防操练，此工程遂尔停止。和议定后，今岁复蒙派拨宣威中旗步队帮同接修红柳沟暗洞，以竟全功。

某与温旗官泽林商酌，先将暗洞挖开一段，相视当年如何做法，然后购料兴修，免至冒然误事。此沟山水终年不绝，因于西半洞围筑高堤，逼水由东半洞上流驶，以便开洞兴工，西半洞成功，再筑围堤于东半洞，使水由西半洞上流驶，如此方免水淹之患。自四月初一日开工，洞中泥石交缠，开挖三月有余，始见旧时形迹，其作法上盖、下底俱用钻子大石，两墙系三和灰土筑成，洞身之两旁底盖则用油松大木装修，浑沦无缝，查验梁柱板片，未经冲脱者，质理甚为坚实，当年创造之善，人人称欢。某仿照旧规，从新修造，购添木石等料，其梁柱、板片则较前增大增厚，两墙仍用三和灰土筑成。计洞长东西二十四丈、空宽九尺、高五尺五寸，两墙各宽一丈一尺，两墙内

外坚柱五百二十八根，墙内装板厚三寸，盖板、底板厚
四寸，均长二十四丈，压底板一百三十二块，顶上大梁
一百三十二根，压梁一百三十二根，东西洞口大梁二十四
根，托洞口大梁四根，顶柱八根，盖底两墙均以石灰、桐油、
糯米、麻绒填筑合缝，盖板及石墙之上铺筑胶泥，厚五尺、
宽三丈七尺、长二十四丈，分筑坚实之后，再铺钻子大石，
仍照前法用桐油、石灰等填补石缝，石上又铺筑胶泥二尺，
两旁上下锁以木桩，迄九月下旬工程始完竣，山水经过，
点滴不漏。现在工匠、兵勇修筑两岸八字石墙，不日即可
完工，此洞既成，则通渠山水之害均已消除。明岁之工只
开白马通滩以下渠路，荒废之田重新得水，一年之内即可
领垦复额矣！至于一切工程可否派委本府就近勘验，以昭
核实之处，出自钧裁。

督部崧批： 所禀修筑红柳沟暗洞竣事，情形备悉。该
令于此项要工惨澹经营[1]，辛能克竟厥功，使数十年荒滩
一旦变为沃壤，小民深受其福，阅之殊勘嘉尚，仰甘藩司
即饬宁夏府就近验明，详细绘图贴说，呈赍察核，仍将该
令先行传语嘉奖，可也。缴。

十二月初五日

---

① 惨澹经营：指在困难的境况中艰苦地从事某种事业。

七星渠下段白马滩一带请筹款开通渠道禀

十二月十六日

窃卑县七星渠之红柳沟暗洞业于十月间修造完竣，禀明在案。查七星渠溉田七、八万亩，渠道长一百八十里，其上段为新宁安、庞下、恩和三庄，中段为鸣沙州一堡，下段为白马通滩。

某自去岁，修建渠口之进、退水闸，上段碱卤之田均成沃土。小径沟桥洞告成之后，鸣沙州中段之田开垦四十余顷，红柳沟暗洞为白马滩下段咽喉，而田亩荒废之最多者，亦在白马滩一带，此洞告成，则全渠无复山水之灾。而白马滩以下荒田即可次第招人垦种，惟洞下渠道尚有六、七十里未经挑浚，此处旷无居人，无夫可派，又近洞十里被山水冲塌渠身二处，必须避水开山，另寻渠路，此十里中，层山叠岭，施力颇难，以下五十余里则一望平原，易于工作。

九月杪间，宁夏汤镇与某沿渠踏勘，约估此工，非四旗兵勇开挖八阅月不能竣工。窃以营勇工作姑无论，其人数足额与否，而一日之内，除饮茶、吃饭、歇息、往返之外，即认真工作，至多不过四时。而旷野荒山之内运水有费，运柴、炭、米面有费，置办锹镢、筐挑、绳索一切渠工应用之物有费，每月、每节犒赏有费，即此数项已在千金以外。倘不肯认真工作，恐八阅月亦不能告竣，若以加饷津贴一项改雇民夫四百名，每名每日给银一钱，则估计工作四阅月可以毕工。民夫之作工也，披星带月，朝出暮息，每人皆自带干粮，自携器具，山坳、土洞皆可栖身，既无旷日之工，又省无名之费，春夏之交，青黄不接以工代赈，亦可为本地穷民糊口之资。

　　某拟于每庄提民夫数十名，以足成四百名之数，即择其地公正耐劳绅士四人，每人责成管领一百名，而即以前督魏所委帮办七星渠之革职副将喻东高督带工作，约计四月，工值在五千两之谱，与四旗营勇八月加饷之费不甚相悬。查此渠正在功亏一篑之时，其势万不能中辍，究竟雇夫、派勇及如何筹费兴工之处，伏乞宪台酌核批示，以便遵照筹办。

　　督部崧批：据该县禀七星渠下段白马通滩一带请筹款开通渠道一案。奉批：查红柳沟暗洞为白马滩下段咽喉，自应一律挑浚，以兴水利。据禀派拨民夫较营勇省费，易于成功，应准照办。惟前据王令进省面禀，即以营勇津贴改雇民夫，足资应用，兹据禀报约需银两五千两之谱，与加饷不甚相悬。自系核实估计，仰甘藩司即饬该令斟酌开办，本督部堂惟责其成功，至于详细办法，应由王令随时察看情形，妥筹办理，以一事权。此。缴。

　　　　　　　　　　　　　　　　　　光绪二十八年二月初三日

　　署臬台黄批：据已悉。该县白马滩渠工，拟招雇民夫修理，即以营勇犒赏之费，移充民夫口食，所拟甚妥，仰候督宪暨布政司批示。缴。

　　　　　　　　　　　　　　　　　　　　　　正月二十三日

请借用厘金局银两开工禀

光绪二十八年二月十一日

敬禀者，窃某禀卑县七星渠下段白马一带请筹款开通渠道一案。奉藩司札开：转奉督宪批，该县红柳沟暗洞为白马滩下段咽喉，自应一律挑浚，以兴水利云云。等因。

奉此，合亟札饬，札到该县，遵照院批内事理，妥筹办理，毋违此札。等因。

奉此，某查现在天和冻解，三月二十以后，即拟开工兴作，招夫之费应用在急，恳乞宪恩批饬厘金总局，行知卑县厘局委员，由某在于该局就近领用，以济要工，实为公德两便。

札中卫县

四月十五日

藩台何札中卫县王令知悉案。奉督宪崧批，据该县禀七星渠工恳请就近在卑县厘局领取银两禀由。奉批：据禀并另单已悉，白马滩渠道既已招夫开工，所需工费应由中卫厘局先行拨给银三千两，以资应用，如有不敷，准随时备文请领应用。仰甘藩司即移税厘总局转饬遵照，并令该令督率民夫趁此天气和暖，加紧挑浚，早完厥功。仍俟工竣，详细绘图贴说，呈请委验、造报。缴。等因。

到司，奉此，除移知甘肃厘金总局转饬中卫厘局，先行拨给银三千两，以资应用外，合行札饬，札到该县，遵照院批内事理，刻即派差具领应用，督率民夫趁时挑浚，早完厥工，一俟工竣，绘图贴说，呈请委验毋违。此札。

起夫示

七月初一日

照得七星渠红柳洞去岁业已修成,今年迭奉列宪札饬,开挖白马通滩渠道在案。本拟春间民工告竣,即起夫开浚,以雇要工,旋据七星渠委管等禀称:立夏以后,农功忙迫,恳乞夏收已毕,再行按亩起夫,不过四十日,工程即可一律告竣。本县当即体念民艰,暂缓工作,刻下夏禾业已登场,急应赶派民夫开工兴作,合行出示晓谕,为此示仰该渠委管及军民人等知悉。

本县定于七月初十日,按照各庄堡田亩摊派民夫,每夫一名作工四十日,每日工价银一钱,有愿领米者,每日领小米二升①五合②,有愿领地者,作工十一日领地一亩。其工价概由红柳沟局中持条照领,不准丝毫拖欠弊混,此工业经本县通禀及督宪奏准之案,倘有抗违不遵或藉词延宕种种情弊,仰该委管等指名禀究,以凭提案惩办,绝不宽容。切切。特示!

---

① 升:容积单位,一升是一斗的十分之一。
② 合:容积单位,一合是一升的十分之一。

报明公出禀

七月初八日

窃卑县七星渠工自红柳沟以下七十余里尚未开挖。去岁，业经禀明宪台招夫修作，奉批允准在案。

查清明至立夏前后，向系民间自行修理渠工之时，工竣以后放水种田，农工忙迫，故自夏收以前，民间实无夫可招，三四月内仅雇得南山民夫一百余名，开通渠道七里有余。现值夏收已毕，农有余间，因与该处首士商起七星闸渠民夫共一千名，定于七月初十日开工，每夫每日照禀定工值，随作随发。

某即于初九日到工常川督作，以期迅速毕工。惟该处距县城一百九十余里，往返需时，县中一切上下公事，势难兼顾，已由某暂委唐典史①鸿勋，代行代拆，合行禀明所有公出日期，理合报明宪台鉴核示遵。

---

① 典史：中国古代官名，设于州县，为县令的佐杂官，但不入品阶。元始置，明清沿置，是知县下面掌管缉捕、监狱的属官。

白马滩渠道开通竣事禀

八月二十九日

光绪二十八年四月十五日案。奉藩宪札开：转奉督宪批，据白马滩渠道招夫开工所需经费，应由中卫厘局先行拨给银三千两，以资应用云云。等因。

奉此，某自光绪二十五年到任之后，即蒙前督宪陶札饬修复卑县七星废渠，振兴水利。某复勘地势，设法兴修，经营三载，始将闸坝、桥洞一切扞御山水要工，次第修造。去岁，红柳沟暗洞作成之后，白马滩渠路咽喉始通，而滩地荒废将近百年，旧日渠形杳无踪迹，且洞下渠道被山水冲断者三处，开山改河，工大费巨，用力颇艰。去年，宁夏汤镇估工谓：非四旗营勇开挖一年不能蒇事。某奉札之后，上下查勘，估计工费，与该县首士商议，期以两月毕工。惟春夏之交，正民夫自行修浚渠工之日，无夫招雇，仅觅得山民一百六名，开渠四十日，自分水闸以下至红柳沟暗洞止，共开通渠道七里有余。夏禾收后，民力稍闲，遂定期于七月初十日大兴工作，照七星渠按亩出夫之法，每田二十五亩出夫一名，共得夫一千二百名，每夫每日给银一钱，以为口食。

某住居工所，上下督作，自七月初十日起至八月二十五日毕，凡做工四十五日，开通大渠，自红柳沟暗洞以下至干河子①计长八十一里。洞下六里渠宽六丈、深五丈，再下渠身旧为山水冲断，遂开山凿渠十二里、宽三丈、深

---

① 干河子：沟名，位于宁夏中宁县与青铜峡市的交界处，为白马乡通往新田、跃进村的必经之地，沟宽100余米，山洪频繁。

三丈，再下二十里渠宽三丈、深一丈五尺，再下二十里渠宽二丈五尺、深八尺，再下十里渠宽二丈、深六尺，再下十三里至稍，渠宽一丈五尺、深四尺，又开大支渠二十一道，共长一百五里，总共合计，共开渠道一百八十六里。红柳洞上七里，修分水石闸一座，长三丈、宽一丈、深一丈，修红柳沟洞上下石墙四座，各长二丈、宽八尺、高二丈，洞上改山河一道，长一里、宽十丈，筑土堤一道，长一里、宽二丈，洞下三里筑土坝一道，长五丈、宽八丈、高二丈，再下一里修通渠石洞一座，长三丈、宽七尺、高一丈六尺，再下二里补山一道，长一百一十丈、宽二十丈、高二丈，筑映水草坝五座，各长二丈、宽一丈五尺、高一丈，改山河二道，长二里、宽三丈，筑土墵两座，各长五丈、宽五丈、高一丈五尺，再下十里筑小山水沟土坝二座，长五丈、宽四丈、高二丈，再下十二里筑大山水沟土坝一座，长一丈、宽八丈、高三丈，再下八里筑土坝二座，长二丈、宽二丈、高一丈，再下三里筑土坝一座，长一丈二尺、宽二丈、高八尺，工毕之后，业已放水试验，大有建瓴之势。目下白马滩一带逃亡之户见渠成水足，领地者纷纷而至，容俟丈领完毕，再行禀报。

至民夫工资及泥灰、草石一切用费查算之后，即行造册报销。所有白马滩渠工完竣，大概情形合先禀闻。再七星渠一切工程均已报竣，容由卑县将通渠情势详细禀陈，绘图贴说，禀请委验，批示祗遵。

督部崧批：据禀该县修筑白马滩渠工既已告竣，试验水到渠成，览禀实深欣慰。仰甘藩司即移宁夏道前往查验，是否工坚料实，有无浮饰出结，绘图呈赍查核。一面将费用各项逐细造册，详请核销。切切。缴。

十月二十二日

在工文武员并首士请奖禀

九月初七日

案查光绪二十六年闰八月初十日，奉本道、本府札开：准署藩司何移奉督宪魏批，本道府禀复，会勘中卫县七星渠工。经该道府会同勘验，均属工坚料实，足资经久，阅禀实深欢慰。王令树枏于前项渠道，竭力经营，不辞劳瘁，卒能克竟厥功，实属异常。出力各员并听候专案具奏，分别酌请奖叙，以示鼓舞，其首士人等应先酌奖功牌者，并准王令查开职衔，呈候填发。等因。

转行下县，奉此，窃查七星渠所开大利全在鸣沙州、白马滩两处。彼时，只将上中两段闸坝、桥梁一律修成，渠道开通一百余里，自去岁奉宪台札饬，接续兴修红柳沟暗洞，开浚白马通滩渠道。仰承训示，并蒙筹给工费，两年之内始将暗洞修成，开通渠道八十余里，百年废渠一旦全复，荒田逃户开垦招徕，逐渐复业。此皆我宪台轸心民瘼，实于民生国计大有裨益。

此渠自光绪二十五年经始，其中拨勇、招夫屡因变端，时辍时作，虽系四年之久，然按时合计不满一年。其营勇之勤劳，民夫之奋迅，皆系各旗官、首士认真督率，故能克集厥功。而首士等起夫、起车、筹工、筹料终年奔走，露宿于雪地冰天、炎风酷日之中，尤为异常出力。

伏读同治元年上谕，御史①刘庆奏考核州县，应以招

---

① 御史：古代官名，专门作为监察性质的官职，负责监察朝廷、诸侯官吏，一直延续到清朝。

集流亡，垦辟地亩为要，以此二事为课绩之本等语。军兴以来，地方民多流徙，地半荒芜，全赖牧民之吏加意扶绥，尽心招徕，庶几田庐可复，户口日增。嗣后各州县官有能招集流亡，开垦地亩，尽心民事者，即著该省督抚、藩司随时登之荐牍，以备擢用，务期有裨实政，不得徒托空言，以奠民生而饬吏治。钦此。

　　而近年来又屡奉明诏①薖薖②，以垦荒田兴农务，为当今之急。卑县军兴以前，鸣沙州、白马滩最为一县富庶之区，自渠水不通，民户逃亡，田皆荒废。某到任迭奉列宪札饬修复此渠，不惜工费，期于必行，该首士等踊跃奉行，卒收群策群力之效。某奉承宪示，分所应为③，不敢仰邀奖叙，而前后在事之文武员并及首士人等不无微劳足录，可否仰垦宪恩由卑县开单，专案奏请奖励之处，伏候钧裁，批示祗遵。

---

① 明诏：英明的诏示。

② 薖薖：盛烈的样子。

③ 分所应为：指本分以内所应该做的事。

仓粮变价禀

九月十五日

　　光绪二十八年七月二十六日,奉宪台札饬,奉督宪崧批,本司详复核议该县申报续修红柳沟暗洞粜①过仓粮一案由。奉批:中卫县兴修红柳沟暗洞,需用经费,本有仓粮变价开支之请,嗣因变价一时难于应手,禀准有中卫厘局先行拨借银三千两,以资应用,如有不敷,准随时备文请领。是前项修费,业有厘金借款,自毋需再行提动仓粮,致兹輮輵②,至从前出粜若干,应令收获地价,及时买补归还,以重储峙,毋任稍涉玩延。仰即饬遵,并令将办理情形具文报核。缴。等因。

　　到司,奉此,合行抄详札饬,札到该县遵照办理,仍将办理情形通报查考,毋违。等因。

　　奉此,查光绪二十五年某禀修卑县七星渠工,请仿照各州县变卖仓粮,济饷济帐两项,将卑县存储霉变之粮,变卖市斗四千石,以作渠费,将来由白马滩领田价内收还交库。

　　蒙前督宪陶批准于光绪二十六年变卖新陈仓粮,市斗三千八百石,计中卫县市平银六千九百七十两,业经禀报立案。光绪二十六年十二月内禀请筹费,续修红柳沟暗洞工程,业蒙宪台核准,仍照前案,由仓粮变价开支,于光

---

　　① 粜:本意为卖米,引申为卖出之意。
　　② 輮輵:纵横交错。

绪二十八年三月内变卖霉变仓粮市斗二千二百石，计中卫市平银四千二百八十两。至此次禀请开通白马滩渠道，招雇民夫，工费批准由卑县厘局拨给银三千两，如有不敷，随时备文请领应用，此项与前两次仓粮变价均奉有札饬遵行在案。查前两次仓粮变价率系霉变，陈粮不便久储，致滋朽烂，因公动用，将来由地价内收银交库，两得其便。历查卑前任，仓粮变价交库皆系如斯办理，今若以霉变陈粮之价再买新粮，势必不敷，而入秋以后，粮价大涨，采买尤不易，惟有仰恳宪恩，俯念此项系因公动用之款，允准仍照前两次批准之案，将来由白马滩领获地价内解交宪库，立案施行。所有仓粮变价交库缘由，理合禀请宪台鉴核，批示祗遵。

全渠告竣禀

九月初四日

窃卑县擅黄河之利，大河南北大小渠二十余道，惟河南之七星渠为最大，延长一百八九十里，灌田六七万亩。其中凡受山水之害四处，渠口紧逼山水，为全渠之害，渠口下七十里为小径沟山水，小径沟下五里为丰城沟山水，丰城沟下三十五里为红柳沟山水，此四水者挟泥带沙，一经入田，碱卤不毛变为斥壤。旧年渠口山水与河水并流入渠，夏秋之交，山水暴涨，冲断渠身，上游田亩年年有乏水之虞。道光年间小径沟环洞、红柳沟暗洞先后为山水冲坏，鸣沙州白马滩两堡田亩一概荒芜，民户逃亡，悉成赤地，至今将及百年，前此列宪屡次札委宁夏镇道勘工，皆以山河之害无法挽回，且工大费巨，畏难而止。

某自光绪二十五年到任之后，奉前督宪陶札饬兴修，并蒙派拨四旗兵勇下县协同修作。某相度形势，因地制宜，乃于渠口之上筑山河大坝一道，曲折以抵渠口，筑映水大石墩六座，使山河之水折而入黄。并于渠口之下二里之鹰石嘴建进水石闸三空，退水石闸二空，接连筑跳水矮石墕一道，以为开闭蓄泄之宜，于是渠口山水之患息，新宁安、庞下五堡田亩悉变膏腴。小径沟环洞湮没无迹，某改建飞桥，使渠水从桥上通渡，山水由桥下流行，于是鸣沙州渠水始通，开垦荒田四十余顷，流亡复业者四百余家。去岁又蒙宪台派拨防营一旗，协同民夫将红柳沟暗洞修复，使渠水下渡，山水上行，于是白马滩渠水始通。今年又开通渠道八十余里，开支渠二十一道，旧岁逃亡之户，领地承垦者，纷纷不绝，将来丈毕之后，荒田地亩共有若干，容俟详细造册，另牍禀报。

某开办此渠，经营三载，一切闸洞要工，均经历年禀报委勘在案。通计开通渠道一百九十余里，自渠口至干河子渠稍而止，上游宽自二十丈至四五丈不等，下游宽自四五丈至三二丈不等，干河子下尚有地数千亩，将来渠道自领自开，特田户一手一足之力，不必由官督办矣！所有全渠告成，谨重叙大略绘图贴说，禀请宪台鉴核，可否札委本府查勘之处，伏候裁誉，批示祗遵。

再，某承修此渠，凡费用银二万余两，除仓粮变价及厘金借款不计外，某自行垫办四千余两，渠口之闸坝及小径沟之飞桥已经造报在案。去岁所修之红柳沟暗洞，及今岁开通白马滩渠道之民夫工资，容俟分案造报，以昭覈①实，合并声明。

---

① 覈：同"核"。

谨将全渠图说择要呈览

山河大坝

渠口逼近山河为全渠咽喉之患，山河源出平凉，汇固原平远一带诸水，从渠口上一里余山峡而出，岁为渠害。因建山河大坝，自西南山根折而东北，直抵渠口，长五百六十二丈、宽二十丈、高三丈。今年又于沿坝筑大映水石墩六座，每墩各长三丈、高二丈五尺、宽一丈五尺，抵御山水折流入黄，使全渠不杂山河之水，近三二年内山水不复入渠，斥卤之田已变膏腴，大著成效。若每岁春工培高加厚，可以永保无山水之患。

进退水闸

渠口下二里余，在鹰石嘴山下建进水闸三空，退水闸二空，此闸成于光绪二十六年，闸底淘至石底，密钉木桩，上铺红石，底塘凡宽七丈、长二十丈，进水南边墙宽一丈、长八丈，进水中二墩皆宽一丈二尺、长一丈六尺，分水石墩头宽一丈五尺、尾宽四丈、长八丈，退水中墩宽一丈五尺、长三丈，退水北边墩宽一丈六尺、长三丈五尺，进退水闸每空皆宽一丈六尺，退水闸系当年正渠，今改作退水。另依山开新渠一道，凡二里余，下接原渠，自渠口至此闸，其间沙泥石子全靠退水闸疏泄，以省人力。用水之时则闭退水闸，开进水闸，入渠以灌田，万一山河暴涨冲决，则闭进水闸，开退水闸，使泄入黄河，若水再大，则从跳水矮堋上翻出，使渠身无淤塞、冲决之患。凡水之大小，皆记有分寸，以为启闭之准，雇有水手^①，终岁看守。

跳水矮堋

跳水矮石堋与退水闸接连至西北高滩，长四十三丈、宽一丈三尺，入地一丈，出地三尺，此防河水暴涨。退水闸宣泄不及，则使水从矮堋上溢出入黄，全渠水制以此堋为度，水平此堋，则渠水恰足用，再大则由堋上翻出，不至有决渠之患，全渠得势全在于此。

小径沟飞桥

小径沟在渠口下七十里，旧为环洞度水。道光年间洞为山水冲坏，鸣沙州五营田亩一概荒芜，人民逃散。光绪二十五年前，宁夏道胡升司改建木槽度水，无多一年即圮。今改为飞桥单洞，洞下钉木桩，上铺钻石，洞上驾大木梁，铺厚木板，以桐油、石灰弥其缝，以石板铺平底堂，以羊毛、胶泥铺厚一尺，上筑黄土二尺五寸，又通长二十丈、宽十二丈，铺胶泥一尺，坚筑之，得六七寸，复以黄土夯筑三尺许，适与上下渠平。两边土堋各宽三丈五尺、高八尺，中留渠道两丈，前后置以水平，以为浅深记识。洞长凡九丈、宽一丈一尺、高一丈，石边墙东西前后四座，各长四丈七尺五寸。今已三年滴水不漏，渠水上渡，山水下行，盛涨十余次，屹然无恙。鸣沙州自此桥成后，田亩尽辟，永无缺水之患。

---

① 水手：专司各闸启闭，并承担掌握水情，看管物料等工作的人员。

丰城沟双阴洞

此系旧洞，在小径沟下五里，渠水从洞上渡，山水从洞下渡，光绪二十六年培修完具此洞，夏秋之际始有山水。

分水闸

此闸在丰城沟下十七里，亦系旧有损坏不完，今岁始重为建筑，长三丈、宽一丈、深一丈，是闸为鸣沙州白马滩分水枢机，开之则水灌鸣沙州田亩，闭之则渠水下流灌白马滩田亩，有闸夫看守，以时启闭。

红柳沟暗洞

是沟山水最巨。查乾隆二年宁夏钮道①创建桥洞五空，甫成即圮，不知何时改为暗洞。乾隆四十年后，龚令重修，至道光年间即为山水冲坏，白马滩田亩荒废，民户逃亡，至今无议修复之者。去岁始照旧制重筑，略为变通，洞长东西二十四丈、空宽九尺、高五尺五寸，两墙用灰泥三和土筑成，各宽一丈一尺，洞之上下、左右全用大木装成，而盖以泥石，浑沦无缝。今岁放水，洞坚而利，山水迭发，驶从洞上流行，滴水不漏，渠水下趋白马滩，田亩有建瓴之势。

---

① 钮道：即钮廷彩，镶白旗汉军籍。雍正五年（1727年）任甘肃宁夏府知府。雍正十年（1732年）升任分巡宁夏道观察使，曾维修唐徕渠、七星渠、大清渠等引黄渠道，是宁夏水利建设的功臣。乾隆四年（1739年）、五年（1740年），主持对宁夏各大干渠再次进行全面大修，并在鸣沙堡（今宁夏中宁县鸣沙镇）七星渠梢段建造石质涵洞五空，以泄山水入河，上架飞槽，以导渠水浇灌白马滩至张恩堡农田3万余亩，还于沙草滩下，增筑石砌正闸一座，"既逼山水，又畅渠流"，使大片荒地得到灌溉，许多饥民迁入七星渠新灌区，使这里"人民云集，庐舍星罗。万年荒地，尽成沃壤"。

通渠洞

此洞在红柳沟下四里，有南山小水经过，渠身昔时建有此洞，使山水上行，渠水下渡，洞坏已久。今岁始为修复，长三丈、宽七尺、高一丈六尺。

补山开山

通渠洞下二里，旧渠在山中，红柳沟山水绕行，而南山崩，渠断。今秋开渠补山一百一十丈，并修映水草坝五座，以御山河，南下对坝将山河改直，东下开河二里，此处最为要工。以下又开山十二里，以作渠道，下游所筑各土坝皆系南山小水冲断之处，水不常见，无关紧要。

退水闸九座

自三道闸至盐池闸皆系退水，凡九座。渠身延远，挑挖不及，泥沙所积皆赖闸中扯退，较人力尤大且易。小径沟上应增退水闸一道，以泄八亩湾之沙，红柳沟下十五里应增退水闸一道，以泄山内之土，将来由民间自行筹费补作。

督部崧批： 据禀该县修筑七星全渠，工程一律告竣，洵属办事认真，深堪嘉许。仰甘藩司即移宁夏道查照前饬，前往一并查验结报，一面将费用各项核实造册，详请核销。切切。缴图折存。

十一月初四日

宁夏道勘验渠工禀

光绪二十九年正月十五日

　　窃职道前准藩司来移，奉宪台批，据中卫县禀七星渠白马滩渠工一律完竣大概情形一案，奉批：据禀，该县修筑白马滩渠工既已告竣，试验水到渠成，览禀实深欣慰。仰甘藩司即移宁夏道前往查验，是否工坚料实，有无浮饰出结，绘图呈赍查核。一面将费用各项逐细造册，详情核销。切切。缴。

　　又准来移奉宪台批，据中卫县王令禀陈七星全渠一律告成绘图贴说呈请鉴核禀由，奉批：据禀，该县修筑七星全渠工程一律告竣，洵属办事认真，深堪嘉许。仰甘藩司即移宁夏道查照前饬，前往一并查验结报，一面将费用各项核实造册，详请核销。切切。缴图折存。等因。

　　奉此，即定于十二月初一日起程，前往勘验全渠各项工程，业将公出及旋署日期具报在案。职道由宁起身，于初五日驰抵宁安堡，晤见王令，于初六日先赴七星渠口，逐处巡视，查渠口及小径沟各工，前于二十六年职道遵札，验报有案，距今隔三年。此次复验，得原修进退水闸、山河大坝迭经山水涨发，屹然无恙，实属巩固，而跳水矮埂尤为得力。随即沿渠踏视小径沟飞桥，经王令用木梁、木板做成，两旁桥洞均用石墙，渠水上流，山水由下而过，亦仍完固。此桥系鸣沙州咽喉，自修成以后，水泽足用，斥卤之田悉变膏腴之壤，流亡复业者已数百家，生机可期日盛。

初七日复查红柳沟暗洞，东西长二十四丈，此洞地势低下，全用大木装成，上以巨石、泥土坚筑，山水上行，渠水由洞中流出，必无渗漏之患，方免淤塞之虞。但时值隆冬，积水结冰数尺，暗洞木工未能进内勘视，此处实为白马滩喉路，以下山路崎岖，于是舍车换骑，缘渠道前进，一遇有冰之处，舍骑步行，详细查勘。今岁报修各工、通渠洞系就旧基略加补葺，以下旧渠久已填没，而倚山作堋，又被山水冲断。今王令开山十二里，新筑土坝一百一十丈，与原报丈尺尚属相符。惟此工仍须明年春工之际，加高培厚，庶资永久。其下新开渠道八十余里，子渠二十一道，并添筑各土坝，亦与做法相符，以水平量度颇有建瓴之势。

第白马滩地三万余亩，皆在渠稍，地势高阜，得水不易，必须渠宽水旺，方足灌溉。职道与王令商议，自盐池闸以下渠身分作三年，每年开宽四五尺，可再开宽一丈有余，通渠洞以下渠身亦一律加宽，则白马滩永无缺水之虑。刻因今秋河水低落，以致未淆冬水，领地者尚在观望，明春如能水泽畅流，必能踊跃，但补偏救弊，尤须善继，其后始终不懈，斯征实效。诚如藩司续移，奉宪台批，该县王令禀请造报红柳沟暗洞及开通白马滩渠道工费案内有云：将来岁修应如何筹款，如何报销，是明知渠工实难一劳永逸，必须春工认真补修，方资经久，早在洞鉴之中。今职道统核，全渠各工用款二万余金，经营四年之久，开山改河，筑坝修堤及一切闸洞、石墙各工相地制宜，工繁而巨。王令不辞劳瘁，卒底厥成，为数堡生灵开无穷之大利，实非寻常劳绩可比。应如何从优，议叙之处出自尊裁，非职道所敢擅拟。至该渠首事等炎天冻地效力三年，虽驾驭之得宜，实急公之足，尚可否仰恳宪恩俯准，择尤给奖，以示鼓励。所有勘验七星全渠完竣，各工除用款清册已由王令径详请销外，兹取具保固甘结①，加具印结②，并绘图贴说，禀呈宪台鉴核，批示祗遵。

督部崧批： 中卫县七星渠等工，既经该道逐段勘验，均属工坚料实，足资经久，所有用过一切经费应俟造册，赍院以凭，饬司核销。至王令经修渠工于役数载，殚精竭虑，卒底厥成，实非寻常劳绩可比。应由司核明专案，详请奏奖，以昭激劝。其出力首事人等，昨据王令禀请酌给功牌，已饬开具年貌、籍贯清单呈候填发。仰甘藩司即便转移遵照，并饬该县将红柳沟新筑土坝乘此春融加高培厚，妥为修治，庶期一劳永逸。白马滩地势微高，得水不易，所拟自盐池闸以下渠身分作三年，开宽培修，尚属得法，并由该道随时督同办理，毋稍怠忽。切切。缴图结存。

二月二十四日

---

① 甘结：旧时交给官府的一种画押字据。
② 印结：盖有印章的保证文书。

七星渠善后章程禀

光绪二十九年正月二十三日

窃卑县七星渠绵长近二百里，灌溉七庄，田地为通县最巨之渠，嗣经山水冲脱要工，民田荒废数十年，当事者屡议兴修，皆以工大费繁而止。

某莅任以后，历奉宪檄，经营四年，自渠口以至渠稍，闸、洞、桥、堤均经告竣，山河害绝，渠水通流，比户丰盈，流亡复业，此皆我宪台振兴水利，粒①我蒸民之至意。但莫为之后，虽美弗彰，守成之难，甚于创始，非严定章程，通详立案，泐②碑垂世，永示遵行。诚恐异日奸猾之徒营私害公，藉端搅扰，则民生国课所关，实非浅鲜。谨拟定渠规三十七条，开折呈览，伏乞宪台鉴核，批示遵行，实为公便。谨拟定七星渠善后条规，恭呈鉴核。

——查核渠实征粮册亩数，新宁安堡熟田五千一百五十二亩六分六厘，庞庄熟田二千零二十二亩六分六厘二毫，恩存庄熟田五千八百七十亩二厘，恩蒋庄熟田五千九百四十三亩三分，恩曹庄熟田五千二百七十三亩三分，鸣沙州堡熟田二千三百八亩四分九厘，又加新垦荒田四千一百六十四亩八分八厘，共六千四百七十三亩三分七

---

① 粒：同"立"，养育的意思。
② 泐：同"勒"。

厘。查各堡除去在他渠当差，及高低不能得水之田外，新宁安堡原田五千一百五十亩，应出夫二百六名，庞庄实得田二千亩，应出夫八十名，存庄实得田五千五百亩，应出夫二百二十名，蒋庄实得田五千五百亩，应出夫二百二十名，曹庄实得田五千二百亩，应出夫二百八名，鸣沙州实得田五千四百二十五亩，应出夫二百一十七名，以上六庄共应摊夫一千一百五十一名。自此次议定之后，各庄夫数即照此摊派，不准混争狡赖，如有一名缺脱，即将委管严究革办。白马滩田亩丈领完竣之后，再行禀官详议夫数，定案遵守。

——定章每田二十五亩出夫一名，作春工四十五日。如渠工浩大，春陶①作不及，酌派秋夫，相工之大小，不拘时日总期，渠道宽深如法，水敷灌溉为止。

——每年渠工坝料，不拘定数，须相度工之大小，按亩摊费定章。皆于年前冬至日，会同水户到局议工，每项应费若干，开单示众，众议佥同之后，禀官查核出示，以昭大公。

——七星渠向归民捐民办，每年各庄举管理渠务首士一人，名曰委管。绅民举报，由官牌②委，刁生、劣监争充委管，侵吞夫料，渔肉良民，以致贻误渠工，年年缺水，田亩荒芜，人民流散。光绪二十四年前，宁夏道胡禀定此渠改为官办，各庄委管由官择委，不准绅民揑③名举报，

---

① 陶：同"淘"。
② 牌：同"派"。
③ 揑：同"捏"。

以杜弊端。委管之责为农田水利所关，以后应承遵禀定章程，绅民营私举充者，概不予准。如该委管等有别项弊端，由官察讯究办，不准劣绅挟嫌妄控，搅扰滋事，违者革究。

——议定委管七名，新宁安一名、庞下一名、存庄一名、蒋庄一名、曹庄一名、鸣沙州一名、白马滩一名，但事无总理之人，诚恐各庄各顾己私，互相推诿。今议酌增总管二名，经理通渠事件，以专责成。起夫、收料各庄委管任之，总管不准经手银钱，而有稽查夫料、银钱及约束委管之责。渠工告竣，总管会同委管邀集水户到局认真核算，共入若干，共出若干，算明之后，开单呈交巡检，张示晓众，以昭核实。

——每岁开工之日，各堡将夫册缮造两分，以一分呈交巡检，其一分则各堡委管收执，以便查核。地方官于开工之日到工，亲身点夫，巡检则常川驻工，每日点夫，如有脱名，差提责罚。

——七星渠灌溉七庄田亩，兴工之日，同力合作。新宁安、庞下、恩存、恩蒋、恩曹五庄之夫，由曹家桥以上起工，鸣沙州之夫由分水闸以上起工，三日后即同入大工，分段合作，淘挖而上，至渠口毕工。渠口为全渠之咽喉，此处年年河水冲淤，石子填塞，必须照禀定宽深丈尺章程，认真淘浚，渠水方能足用，不如法者，地方官严加惩办。白马滩荒田领出之后，亦照章按亩出夫，由分水闸以下起工，至渠稍而止，如渠口工程浩大，听候总管议派，与上六庄同力合作，以顾要工。

——渠工同力合作，如有脱夫，每名每日照章罚钱三百文，以作巡检衙门办公之费。

——各堡民夫开工之日分塘合作，由总管会同委管划开地段，按照旧定宽深丈尺，一律修浚。不如法者禀官惩责，长渠锹头人等从新补工。

——渠口为全渠咽喉，支水、迎水二堋所压之石，多多益善，万不可偷工减料，致渠水有缺乏之虞。渠口宜开宽二十丈，尽力深淘，方敷白马滩溉田之用。

——渠身之土须用背篓移掷堋后，不准贴在两堋墙内，以免水激风吹，仍行淤塞。

——通渠田户以水为性命，点滴之来皆民汗血所致，均当爱惜，如金如玉。灌田放水取其足用而止，不准点水放稍，弃之道路。如查出何田之水淹浸大路，即将口头[①]提案重惩，并将田主酌量议罚，以示警惩。

——各子口议作木闸四、五处，先行试办，稍段田户前来封水，即由该处委管吩示口头将闸封闭，不奉委管之命，不得擅开。如有贿买私开等弊，即将口头责罚。未经作闸者，用草一律封闭，定限分溉，向来稍段田户率众封水，常有与上段械斗伤人之事，以后封水责成口头，稍段只准一二人来知会，上段委管督饬该处口头，眼同封闭，以免斗争之事。

---

① 口头：清代负责管理支渠口的人员。

——大小子口共三十六道，除大口先行试建闸板外，其余各口，每年各备麦草五十束，交口头经管，以备封水之用，如临时缺失，责令口头赔价。

——每年堤塀须加意培护，不准农民取土粪田，致伤塀埂。

——春冬二水，必先封放到稍，下段委管持取田户稍结①为止，凡浇灌田亩，自下而上，由委管定立日限，轮流溉田，如有重浇复灌田见二水者，查出，将田户责罚，委管通同作弊，一并究办。

——渠水大小以鹰嘴石之跳水石塀为准，水与塀平，适足敷用，若漫出塀上，即开退水闸，泄入黄河，以免堤身崩溃之患。

——全渠一切闸坝、桥洞如有应行修葺之处，由通渠委管估工派钱，禀官裁定出示，如有抗不遵办，累害要工者，官为提案惩办，以警愚顽。

——地方官到渠督工或下乡封水，不准向委管及堡长等需索供应，一切日费丝毫不准累民，家丁、跟役均由官发给口食，禁索。陋规违章者以赃论，许受害之家禀诘。

——光绪二十四年，前宁夏道胡禀定章程，渠宁巡检专司渠事，每年车马费制钱一百二十串，工房、造册纸笔

---

① 稍结：即梢结，干渠梢段每轮水在按时灌完后，由受益村、堡绅民书写灌完水的结具，称为"梢结"。取得梢结后，上中游才得全面开灌。

费制钱二十串，均由坝料内摊派，此后应仍照章遵办。巡检一款拟俟白马滩荒田垦熟之后，丈出公田二百，每岁收租以抵此费用，省民间滩派之累。

——总管、委管共九名，每年每名薪水制钱二十四串，共制钱二百十六串。

——渠口总字识①一名，每年口食制钱二十四串，新宁安、恩存、恩蒋、恩曹、鸣沙州五庄字识各一名，每年每名口食制钱二十串，庞下一名，每年口食制钱一十串。

——新宁安、存庄、蒋庄、曹庄、鸣沙州渠长②各一名，每年每名口食制钱十二串，新宁安长渠③三名，庞庄长渠一名，存庄长渠三名，蒋庄长渠三名，曹庄长渠三名，鸣沙州长渠三名，每年每名口食制钱八串。

——各庄各用伙夫一名，马夫一名，新、庞共用木匠一名，存、蒋、曹三庄共用木匠一名，鸣沙州木匠一名。新宁安锹头④四名，庞庄锹头一名，存庄锹头四名，蒋庄锹头四名，曹庄锹头四名，鸣沙州锹头四名，均系民夫，当差不领口食。

——渠口及双空洞闸水手三名，专司闸坝，以时启闭，山河两水涨落，随时禀报委管，以备不虞。每年口食制钱

---

① 字识：即识字之人，相当于文书。
② 渠长：清代各渠负责催夫、征料的人员。
③ 长渠：清代管理渠道的基层人员。
④ 锹头：日常管理、维护渠道的民夫。

一百二十串。小径沟水手一名，专司飞桥，一遇山水暴发，立报委管，带夫守护，以免冲崩，每年口食制钱一十二串。红柳沟水手一名，专司暗洞，兼管山河大坝及上下堤堰，如有损坏立报委管，设法补葺，每年口食制钱一十八串。通丰闸水手一名，每年口食制钱六串。萧家闸水手一名，每年口食制钱六串。盐池闸水手一名，每年口食制钱八串。分水闸水手一名，每年口食制钱六串。以后再有重修添筑之闸，公议水手口食之费。

——通渠大子口二十道，小子口十六道，上长行渠、下长行渠、上快水渠、李家渠、下快水渠五大子口，议定每渠头口食制钱七串文，其余大子口一十五道，每渠口头口食制钱五串文，小口子十六道，每渠口头制钱二串五百文。

——通渠共设锣夫一名，旧例归稍段民夫拨充，起工住工听锣为号。

——新宁安、庞庄催差①一名，存庄催差一名，蒋庄催差一名，曹庄催差一名，鸣沙州催差一名，每年每名口食制钱二十串，白马滩荒田垦熟之后，差人口食照前发给，如有要事，呈请添差之处，临时酌议口食。

——渠口之进退水闸、跳水矮堰、山河大坝、小径沟之飞桥、丰城沟之阴洞、红柳沟之暗洞、通渠洞下之大坝为通渠要工，皆经一律修筑如法，以后总管、委管等应年年培护，不可漠视。设有意外不虞之事，禀官筹款重修，

---

① 催差：负责征收"夫料"的人员。

若工程不甚浩大，则由通渠摊费，立时补葺，上下田户不得各分畛域，贻误要工。

——渠口压坝之石，向在泉眼山左近取用，每车山价制钱六十文，车价制钱四十文，若他处工程取用红石，则计道路远近，酌议车价。

——通渠需用草束、木桩等物，麦草每束制钱四十文，木桩每根制钱三十文，胶泥车价计里议付。

——通渠旧建退水闸七座，现在惟三道闸、双空闸、通丰闸、盐池闸四处退水余皆损闭。查渠身延远，淘挖不及，沙泥积塞，全靠节节退水，以省人工，旧闸多坍塌不完，急宜设法重修，用资宣泄。盐池一闸尤关紧要，是闸间亦有损坏之处，以后田户稍为充裕，应于滩派坝料之时，拟出修闸一款，次第补葺，以复旧规。八亩湾以下全系沙渠，人力难施，通渠洞以下渠身绵远，宜于此二处添置两闸，以为减水泄沙之用。

——三道闸应填塞二道，只留一闸，已敷退水之用。缘上游鹰石嘴增建退水二闸，下游又有双空闸，泥沙退泄不虞雍滞此闸，外连贴、柳两渠，往往水手受贿，偷济贴、柳，有害本渠，以后并责成渠口水手实心看护，如有以前弊端，从重惩治。

——退水各闸凡桁条、草束等一切应用之物，责成各水户经管，如有失损，惟该水手赔偿。

——局中制有水车二件，应责成白马滩委管，年年于灌放春水以前，将红柳沟暗洞车干积水，淘取沙泥，并沿洞察看，有无渗漏损坏，随时修补。

——渠口向系荒山大漠，四无居庐，每逢春工兴作之时，狂风冷雨无处遮身，异常寒苦。自光绪二十六年修建龙王庙、渠工局一所，委管、民夫如有栖身之地。又红柳沟洞旁光绪二十七年亦建渠工局一所，以后应责成水手加意看护，如有损坏，立报委管，即时修补，以免倾圮。

——白马滩田，丈领完竣之后，一切章程均照上、中六庄添拟，一律遵守，不得差池。

——绅士一举一动关乎阖堡民生之休戚，往往绅士挟嫌互讼，以一二人之私心，累及阖堡之公事，利害所系，实非浅鲜，以后充膺委管者，均须洁己奉公，不准包夫折料，贻误要工。大户绅民亦不准因争充委管及催收夫料之嫌，藉端诬控，倘被控之人讯明无据，官即按律惩办，以靖刁风。

古人有言，和气致祥，乖风致异。各堡绅士宜为民息事造福，不可为民生事作孽，如犯所戒，不但国法具在，且遭阴谴。

重修中卫七星渠本末记　原版

中卫知县　王树枬辑

重修中衛七星渠本末記

重修中衛七星渠本末記卷上

中衞知縣王樹枏輯

光緒二十四年冬抄督部陶公檄余署理中衞知縣

稟辭時公謂中衞諸渠以七星渠為最大緣受山水

之害荒廢數十年工鉅費重無人倡議修復者屬余

到任履勘能否重修據實詳復余查七星渠凡受山

水之害四道水性鹹鹵淤渠壞田而渠口山河直沖

渠之咽喉為害尤巨光緒二十四年前甯夏道胡廉

訪景桂策一山河大壩橫截入黃四月間山水陸發未及合龍壩身多被沖決次年陶副將美珍陳游擊斌生來修此渠謂此壩萬不可廢士民皆慈惠增修高厚較前加培能保百年余謂此壩去山河太近正當其衝山河較黃河低下設一旦雨水並漲束於一壩之內水無去路雖銅堤鐵壁亦未有不沖決者現在舊口去大壩不過百餘步壩若沖決渠口必至淤塞全渠乏水其咎誰歸且山河在黃河懷內即此壩

三

能支山水入黃而山水循黃河南岸順流仍從渠口
入渠是有堵禦山水之名而究不能盡避山水之害
所謂狙公賦芧朝三而暮四也余到任後正值渠工
委員高吏目攀斗與寧安巡檢童愛忠互相稟諸陶
公檄余細心確勘余於是年四月初二日馳抵寧安
傳集士民並同韋旆官得勝齊集渠口詳勘山河大
壩萬不可恃緣農田用水在即暫令首士等於渠頭
修建減水閘二道以為宣洩山水泥沙之用水小則

與黃沙並流入渠水大則從堋頭翻出以為一時權

宜之計首尾當即灌通農田無誤至七月間山水與

黃水並漲此壩冲決無餘渠口淤廢闔渠士民始服

余之先見可見天生順逆之勢非人力之所能爭也

當即據實稟復四月二十四日奉督部陶札云七星

渠所修大壩合龍既虞大水冲潰有碍農田現雖修

補減水洩沙開不過為目前敷衍計終不能永資利

賴似不如另行相地修築之為善至鳴沙州以下舊

五

修洞可以次第舉行及隨同廉訪勘工始見山河大

壩單簿恐不足禦山河之勢將來必須將渠口改下

數里讓出山水順流入河方能為一勞永遠之計小

徑溝飛槽甚得地勢惟故水之時察看飛槽又較渠

身隘二尺有餘槽身亦灰所過之水灌溉鳴沙一州

尚難敷用則紅柳溝以下即便修復亦必有缺水之

虞竊以利弊全在渠口相度得地避出山水之患方

能議及下游一帶渠工前數十年內文武各員皆擬

籌歉興修率以渠口為難而工費入大不敢輕舉樹

栅傳集寗安各堡一帶士民沿渠度地下七星渠口

五里許為柳星渠口擬在此地與七星渠同開一口

築一分水石閘各歸各渠士民等皆同聲稱善且言

此係七星舊口因黃河變徙之後始改口於上游每

年遞受山河之害今若仍歸舊地則山水可以讓出

順流入黃且兩渠夫料同撮一堏尤為眾擎易舉但

估計石閘工料為數甚鉅萬非民間所能籌辦故沿

曰水渠灌田數萬餘畝兵燹後荒廢已久本督部堂

擬撥營旂一律修復究竟渠身長若干里需工料

經費若干如何分別段落某段應派民夫某段應撥

勇丁勇丁即按四旂人數計算民夫能派若干務先

籌備應用各項器具擬本年七月內即行動工併由

司飭縣先行查勘明晰詳細妥議繪圖貼說另行專

案稟奪

上陶督部議修七星渠書光緒二十五年四月二十六日

朕侍慈顏倏逾兩月十八日接到何善孫來信謹悉

柱舶安泰福並勛隆翹企崇階慕思曷極善孫來信

代傳憲諭以七星渠工程浩大非實有把握不可造

次從事聞命之下欽悚莫名竊以中衛一邑專靠水

利而七星渠綿亘一百七八十里灌田七八萬餘畝

尤為水利大宗鳴沙以下荒廢三四十年民戶逃亡

國課無著非官為倡始萬難修復樹栅初意以為胡

廉訪既將鳴沙以上各工修好則紅柳溝以下開渠

渠士民雖蓄此意苦於力所難償此不能不由官籌

措者小徑溝石礅明年必須再添木槽一箇渠水方

能足用此二項既不能復派民間而庫款支絀入不

敢輕易請領再四思維惟有於額征糧下變賣三四

千石明年秋後歸款於變糧濟餉項下報銷 前任盧
令陳令

凡變賣一萬五六千石皆係交價解庫既不累民又不虧官所謂一舉

而衆善皆備也鳴沙州一堡田地聞有七八千畝現

在承種納糧者祇二千二百畝居民一百餘家渠溝

〇一

向分兩支其南支正溝無力開通田皆荒廢擬借兵

力先開此渠招戶墾荒每畝承領墾單收取一串上

下據彼處人言水果暢通則領地者鱗擁而至即以

此項歸還糧價有餘則歸入渠工以作歲修之用如

此籌辦明年果有大效然後再議修復紅柳溝暗洞

及開白馬灘即鳴沙以下地一帶之田次第舉行庶有把握

不至鹵莽債事上負我公軫心民瘼之懷此事究竟

可否如此辦法伏候示遵以便另具公牘詳細叙陳

柳星渠口係當日七星渠舊口若從此處與柳

星貼渠同開一口建分水石閘則去山河較遠

因勢利導山水可以順流入黃柰柳星渠士民

狃於私見堅不肯共口分渠及至閘壩修成渠

水暢足柳星渠士民始悔從前之失計今歲柳

星渠口淤塞河水不能入渠反借七星渠水決

堤灌溉小民可與樂成難與圖始信哉辛丑九

月二十五日樹枏誌

陝甘總督部堂陶為札飭事案查中衛縣所屬七星

渠往年灌地甚廣自同治初年回匪擾亂後渠身半

就湮廢田地荒蕪無無由懇復現據王署令稟稱欲濬

渠身先治渠口數十年來渠口為山水衝損時潴時

淤必須改修渠口能避山水之冲方能收河水之利

下游五里許為柳星渠擬在此地與七星渠同開一

口築一分水閘各歸各渠並云此係七星舊口前因

黄河竇從改口於上游今若仍歸舊地則山水可以

讓出且兩渠同捆一埽尤為省事易舉等情本督部

堂查往年渠口由下游改在上游自必就水之勢決

非無故遷徙今欲避山水之衝仍歸舊地不知地勢

水勢如何且欲與柳星渠同在一處引水不知能否

敷雨渠之用必須通盤籌畫方可定議且下游另有

山水均能衝壞渠身舊時做法或築飛槽或修暗洞

除害興利一切工程均未可卤莽從事查謝守威鳳

於該處地方情形最為熟悉現赴花定辦理鹽務應

飭順道至中衛會同王署令周歷渠口上下相度形

勢將改修渠口利弊詳細繪畫並將下游應築飛槽

暗洞諸處妥為籌度悉心估計先行稟覆核奪

重修七星渠估計工程稟光緒二十五年六月初一日

竊其於五月初四日奉到憲台批示七星渠所修大

壩合龍既慮大水冲潰有碍農田現雖增減水洩沙

閘不過為目前敷衍計終不能永資利賴似不如另

行相地修築之為善至鳴沙州以下舊日水渠灌田

數萬餘畝兵燹後荒廢已久本督部堂擬添撥營旂

一律修復究竟該處渠身長若干里需工料資若干

如何分別段落其段應派民工其段應派勇丁即按

四旂人數計算民工能派若干務先籌備應用各項

器具擬本年七月內即行動工併由司飭縣先行查

勘明晰詳細妥議繪圖貼說另行專案稟奪各等因

奉此竊查中衛一縣全恃木利大河南北凡二十餘

渠惟七星渠灌田七八萬畝其利最溥而其工亦最

巨渠自泉眼山開口至白馬張恩延長一百數十里

至牛首山下入河其中凡受山水之害四一渠口一

小徑溝一豐城溝一紅柳溝四者惟渠口之南山河

水最大源出平涼歷固原入縣境即水經注之高平

川水其暴發也挾泥而下正當渠口之衝屢為渠患

前人於渠口建正開以障之歲久不修遺迹無復存

者近歲黄河北徙渠民移口於上引水灌田然去山

河逾近則渠患逾深百餘年來文武官員屢欲興修

皆以渠口與山河地勢太逼而工費又大不敢身任

其艱於是山河之水年年冲決為災渠身愈墊愈高

受水微末而四百戶下之小徑溝暗洞又被山河冲

毀鳴沙州八千餘畝之田遂至常常缺水土地荒蕪

其未逃之戶祇餘數十家沿山開渠承七星渠之尾

水十年九旱民生國課均受其弊至鳴沙州以下之

紅柳溝暗洞則自道光年間被山水冲毀久未修復

白馬通灞數萬餘畝之田盡成赤壤數十年以來無

復人迹之存此七星渠廢弛之大概情形也去歲胡

升司以該渠關係農田甚大慨然請帑興修於山河

下游里許之遙橫築一壩以截山水勁折入黃但山

水直下勢若建瓴一簣之堤恐不能禦此陡來之水

彼時宣威中旂管帶韋得勝專作壩工兵力太單訖

未認真修築合龍之際山水陡發厥功未就小徑溝

暗洞胡升司相度地勢改為飛槽實於下游農田有

益惟飛槽稍狹度水無多以之灌溉鳴沙一州尚難

敷用今歲四五月渠口挑水大壩凡被山水冲脫者

三次山河大壩亦冲塌十丈有餘徒勞罔功雖無大

害亦無大利小徑溝飛槽再經其加高二尺然亦不

過為將就一時之計今欲大興水利誠如憲台所諭

必須另行相地修築渠口以避山河之害方為上策

又諭以柳星渠七星渠合作一口水之大小能否足

溉雨渠之用實為籌畫周密其隨於五月二十一日

親到寧安堡傳集士民之知水利者通籌利弊上下
踏勘查得山河口至柳星渠五里之內為七星渠累
年上下尋口之地柳星貼渠以下尚有七渠七星渠
萬不能越貼渠柳星渠下迤南尋口柳星渠口相傳
係當日七星渠舊口自咸豐二年間黃河正流北徙
南岸之渠悉用支流而此處之水又係支流中之分
支彼處之民恐水不足用又憚於淘浚渠身於是改
口於上反借山河之水以為灌田之用詢之士民僉

稱山水小時並不為害惟其暴發勢不可遏則全渠

有冲決淤塞之虞若數十丈之山水二三十年一或

有之不常經見其大量柳星渠河身寬四十餘丈亦

可濟兩渠之用惟河勢不甚穩定恐一旦遷變便成

廢渠而兩渠士民又勢如水火不欲合撅一埧狃於

積習幾不可以理喻情遣合渠之人堅謂山河小水

攙入黃河之大水實於農田毫無妨碍惟山河暴發

必須設法補救方能為一勞永逸之計有渠民之老

於水利者謂紅崖子河水寬深地勢入順從此處另
開新口則將來開挖白馬灘一帶農田方能足用下
流三里至泉眼山之鷹嘴石西對高灘渠從中度其
地狹而水勢平衍擬在此處斜建進水閘三空正建
退水閘二空接連閘頭斜撇數十步長之跳水矮埠
山水小時則開退水閘開進水閘以灌農田山水若
發則將進水閘封開退水閘使山水盡洩黃河並
可從跳水埠上翻出山水之來不過一二日沙泥洩

畢再開退水閘開進水閘使水仍歸正渠如此則全

渠不至受山水淤決之患據合渠人言久蓄此意第

苦於工費不給故因循至今無人敢倡其議者果如

此則河水不缺山水不災於渠工實有裨益其以此

渠既無法可避山水依此辦法實為中策再此渠向

來之弊輕於尋口而艱於挖渠歷年以來民田侵佔

渠地沙泥淤墊渠身不及舊日寬深十分之二今欲

通灘必須開寬濬深規復其舊又此渠上下共有淺

沙閘七道亦名退水閘沙泥淤墊凡人力所不能施

者概賴此閘節節疏濬今皆殘毀不完非重加添補

無以為洩沙之路小徑溝飛槽一道容水無多擬由

石墩兩旁再加木槽二道則鳴沙下洩庶可以全行

灌溉至紅柳溝暗洞同治初年挖開檢視被山水沖

没者十分之五此處採石須由河北或靖遠一帶採

運工費巨而且艱若同時動工款既難籌而石匠亦

不敷用其擬先將渠口及一切各工作好溝身一律

開通果有明效然後於明年秋後再議興修則次第
舉行庶不至復踏今年覆轍查各渠動工為時甚迫
祇有春工四五十日秋後各渠皆係紮放冬水民田
侵佔之渠埂七八月間禾稼未收亦未便遽行毀壞
所有渠工皆係明春之事惟鳴沙州尚有未墾之田
五六千畝其渠道亦無人開挖又鷹嘴石依山另開
渠道約二里許擬請憲台於八月間專派兵勇先開
此處秋禾告竣即分段將渠口以下之渠埂積土照

舊年所定之丈尺移擲田中一至開春便行一律開

濬渠身庶免臨時倒堘貽延工作其擬派民夫千名

以五百名作渠口之埂工閘工以五百名同兵勇千

名分開段落專修渠道而應備石料器具即於秋後

籌置齊全庶不至於春土有誤惟全渠工費必須預

籌的款鳴沙州民戶蕭條而新寧安麗下及四百戶

三莊之民去歲攤派埂料墊累不支明歲除渠口攤

埂夫料之外萬不能再議攤派至於近年庫款支絀

又某所素知反復思維惟有就卑縣設法籌款查額

征糧石近有變價濟餉及變價濟賑兩項卑縣前任

盧令陳令凡變賣倉糧二萬餘石均皆解價交庫有

案可稽卑縣地處潮濕去歲倉糧霉變者甚多亦不

能不及時設法變易此次渠工所需費用可否即照

此例變賣倉糧市斗四千石其銀兩暫歸渠工動用

統限明年內解價交庫如此則上不虧帑下不累民

似於國計民生兩有裨益惟倉糧變價萬不能限定

時日為緩急之需倘秋後用項在即擬請先由中衛

釐局項下暫為挪用變價之後隨即歸款愚昧之見

是否有當伏乞批示祗遵再五月二十七日謝守威

鳳到縣會同履勘渠工三日與其意見相同謹繪具

圖說及估計各工并一切章程另呈鑒核再事縣距

七星渠口一百一十餘里渠口至鳴沙州亦一百一

十餘里工程浩繁路途窵遠其萬不能時時在工渠

審巡檢一人上下百餘里亦難兼顧查有指分甘肅

侯補縣丞姚曾祺因甘肅停止分發尚未到省現在

縣署明幹勤慎素所深知擬派工所會同渠寗巡檢

稽查物料及一切帳目並沿渠上下逐叚分查必能

於渠工有裨可否仰懇札委該員幫同辦理渠工庶

士民不敢輕視呼應較靈至薪水夫馬一項皆由縣

自行籌給不另開支今年秋後擬先清文鳴沙州已

懇未懇田畝即派該員及渠寗巡檢認真督辦敢乞

一併札委實為公便再此次派撥營勇赴渠做工一

切皆須自備將來或酌加口粮或由縣籌款擬賣並

乞示遵

估勘七星渠工費及一切章程摺

一估工　進退水石閘六墩五空淘至石底密釘木

椿上鋪紅石底塘凡寬七丈長二十丈進水南邊

墻寬一丈長八丈進水中二墩皆寬一丈二尺長

二丈六尺分水墩頭寬一丈五尺尾寬四尺長八

丈退水中墩寬一丈五尺長三丈退水北邊墩寬

一丈六尺長三丈五尺進退水閘每空皆寬一丈

六尺接攔挑水矮堤寬一丈三尺長四十三丈八

地一丈出地三尺約用石三萬車舊歲每車一塊

石價及腳費一百六十文共錢四千八百串文用

膠泥七千車　出膠泥之地去渠二十五　舊歲每車
里每日牛車僅運一次

運費錢四百文共錢二千八百串文用柳木樁一

萬五千根舊歲每根錢五十文共錢七百五十串

文用木梁十六根舊歲每根錢二十串文共錢三

百二十串文石匠工錢約計二百串文用石灰七

萬觔舊歲每觔三文共錢二百一十串文小徑溝

飛糟現只一道擬再添修二道約計石灰氈鐵木

料須錢八百四十串文該渠舊歲凡退水閘七道

吳石閘已損擬修葺費錢二百串文三空閘即通

豐閘已損擬修葺費錢二百串文宜民閘已廢擬

重修費錢五百串文利民閘即蕭家閘地勢最陡

已損壞無餘擬重造費五百串大小徑溝上游宜

再添一閘以洩沙泥擬修造費錢一千四百串文

拖尾閘已損擬修葺費錢二百串文至於應用鐵

鍬擬製五百把挑筐一千箇舊歲一鍬二筐合計

錢九百文共錢四百五十串文以上以錢合銀計

九千五百餘兩所有各工係就歷年工程價值約

署比擬估計大概現在渠水正深無從細測將來

一切工料或有餘或不足尚難刻定屆時必當督

率士民力求撙節實報實銷至於口壋腰壋工費

皆由民間自備物料渠窨巡檢夫馬仍照胡升司

所定歲給費一百二十串首士薪水及書差口食

由卑縣酌定不與官帑相涉

一濬渠　查七星渠緊對山河每歲五六月間山水

　泛漲泥沙混濁全冲入渠一歲之濬不敵一歲之

　淤以致渠身益高水不能入百餘年來渠身為民

　田侵佔既淺且狹不及舊年丈尺十分之二其於

　五月二十一日在寗安堡老農家得乾隆五十一

年縣令龔景瀛稟定章程內載自渠口至吳石閘

長五里渠寬七丈深八尺有栽椿石高出渠底五

尺有餘為準自吳石閘至正閘長三里渠寬六丈

五尺深八尺正閘至三空閘長八里渠寬六丈深

六尺三空閘至宜民閘長五里渠寬五丈深六尺

宜民閘至利民閘長七里渠寬五丈深六尺利民

閘至鹽池閘長十二里渠寬四丈深七八尺至三

四尺不等鹽池閘至恩和堡大渠橋長十四里渠

寬三丈五尺深三四尺不等橋疊三石墩三石盤

作底以石盤全露為準大渠橋至小徑溝石洞洞今

已廢去歲長八里渠寬三丈五尺深三四尺不等改飛槽

小徑溝至馮城溝石洞長十里渠寬三丈深三四

尺不等馮城溝至鳴沙州長十里渠寬二丈七尺

深六七尺不等鳴沙州至白馬灘紅柳溝暗洞洞今

已廢以下之田久不得水長四里渠寬二丈七尺深三四尺不

等紅柳溝暗洞至渠稍長五十里渠寬一丈五尺

三七

深三四尺一二尺不等今擬淘挖渠身其閘寬皆

以冀景瀚所定丈尺為準至濬深則視渠口水之

高隘以水平測量定通渠之深淺總以能概全渠

為準

一修閘　七星渠自紅柳溝上尚有七閘既可減水

亦資洩沙每歲春工用力少而成功多舊有吳石

閘一座長六丈六尺寬一丈二尺高八尺正閘一

座二空每空寬一丈二尺長十一丈高一丈三尺

三空閘一座長十五丈寬一丈四尺高一丈宜民

閘一座長二十丈寬一丈四尺高一丈鹽池閘一

座長十六丈寬一丈二尺高一丈二尺拖尾閘一

座長五丈寬八尺高五丈百餘年來樁石損壞民

間無力修補以致渠道淤塞年甚一年利民閘一

座損壞無迹鹽池閘以下渠長閘少當於小徑溝

以上添建一閘則恩和堡至鳴沙州方無冲決淤

塞之虞明歲擬皆量力補修而工費甚巨所佔之

數誠恐不敷惟有擇其要者添葺而已

一夫料　舊章新寗安麗下恩和鳴沙白馬灘諸堡

額例田六十畝出夫一名通渠共夫一千四十四

名自鳴沙白馬灘田不得水民戶逃亡夫不敷用

於是該渠自派三十畝出夫一名而生監抗阻委

官包折夫冊牽搭不公不均渠工遂至日壞去歲

改為官辦派夫千名物料費一百一十五文今擬

仍照胡丼司派定夫數其物料費則改歸民捐舊

章定為每畝七十文以紓民力

一督工　七星渠自口至鳴沙凡長一百餘里必須

分工督作各專責成方不至彼推此諉致有貽悞

今選派貢生張明善文生楊含潤劉彥邦黨雍熙

武生王楨陳紹武王正學趙積善黃開科王世憲

朱成章監生黃魁首民胡萬明分工督修如有違

悞或弊混情事應由卑縣詳請責革渠口設立局

所委員常川駐工與渠寗巡檢上下監察督催以

壹事權

一分段　七星渠延長寫遠土工尤大蒙撥四旅兵

勇開修益以民夫千名約有二千名之數明歲擬

撥民夫五百名專修渠口閘工埧工及各段退水

閘工以五百名與兵勇分段開通渠道視工之大

小難易定每段之長短各旅與各旅分做不相牽

混以免推矮今歲秋後兵勇先做倒埧開渠無水

之工倒埧工尤緊要所以為明年開渠地步也兵

勇既分段做工則鍋竈帳棚皆須攜帶以免往返

舵閣

一、大地　鳴沙州額征糧田舊冊八千九百六十餘

畝今祇實征熟地二千三百八十畝其中畝數不

無隱匿而實在未墾亦為數不少此處正渠有南

北兩支舊設分水閘其南支渠道淤塞秋後擬請

兵勇先開此渠以復其舊一面清丈田畝酌擬領

單之費以為歸還借款之用白馬通灘額征糧田

舊冊二萬八千四百二十八畝現征熟地三百畝

此處田皆荒蕪民戶逃散無夫可派擬俟明年春

夏工畢之後通渠得水確有效徵一面稟請復修

紅柳溝暗洞一面接撥兵勇開通白馬灘正渠次

第興作則工費皆為有餘不至拮据其一切子渠

則歸領田之戶自行開挖其田亦隨領隨文

督部堂陶批稟及圖說章程查開尚妥七星渠非於此

處欧口建閘荒田固難全闢熟地亦將漸廢其勢斷

四四

不能不修該署令所擬一切辦法及修補各閘並於

小經溝再加木槽估需工料經費先請變賣市斗倉

糧四千石暫歸渠工動用明年解價交庫均應照准

一面聽候本督部堂派撥營旗前往仍由該署令會

商各營帶指點工作另單請以姚縣丞曾祺與渠寀

巡檢稽查物料及一切賬目並沿渠上下逐段分查

本年秋後令先清文鳴沙州地畝認真督辦亦應照

准即由該署令分別派委俾專責成營勇赴渠做工

一切皆令自備惟日事勞苦准由公中按月籌給津

貼以示體恤可也猶有慮者黃河北徙紅崖子在其

南地勢較高僅分支流之支流設或河水未漲時水

不能上勢必坐困鷹嘴石地狹其溜必急所稱水勢

平衍恐是擬度之詞此處築基五開稍不穩固必遭

沖損均應由該署令先事籌酌據實稟復核奪不可

稍涉含糊致將來又廢全功也再修渠用項為數頗

鉅摺開一面清丈地畝酌擬領單之費歸還借款等

語究竟領單費能收若干如何收取能否足敷此次
渠工之用應由該署令勘酌妥擬專案稟請核示萬
不可以利民之舉轉為累民也仰即遵照并候行司
查照繳圖摺存六月十九日
藩臺岑批稟摺單圖均悉該令於七星渠務相地勢
盡詢謀酌古準今創為改口建閘之議又能輾轉籌
欵以濟其事非實心愛民而又有幹濟之才者曷克
臻此所請各節已稟督憲札知均經批准應即遵照

妥辦並將鷹嘴石水勢是否確係平行丈地酌擬之

領單費係按地柳係按單收取若干約可統收若干

地戶是否願出之處再行稟覆核奪至姚縣丞曾祺

委由該縣自行移請可也此繳六月十九日

能襄理此工亦甚難得碍於未經驗看本司未便札

署臬台黃批據稟已悉嘗聞中衞七星渠為該縣農

田水利之冠任其荒廢殊為可惜然本署司未嘗躬

履其地聽之亦屬茫然置之而已兹據該令所稟並

繪圖貼說前來展開數四無異馬伏波聚米為山形
勢盡在目中前之茫昧者今則瞭然矣本署司曩在
江南盧州府任內每歲春夏必督修江湖隄防數百
里凡擇地勢計土方實事求是十二年中幸無潰決
農民賴之然彼惟築隄以防水患無所謂渠耳今該
縣農田之利以渠為先而又加之以隄是濬與築二
者兼兩有之茲就圖中所注分別今年所挖之渠及
所築之隄詳細觀之渠則傍高地而開河水恐不能

四九

暢流而入隄則攔山河而建山水又從何而出勢不

至於橫流潰決而不止也無怪該處紳民之阻撓不

肯合龍也該令不憚勤勞親自勘測就迤西高灘之

下循往年河水漲時所行之跡於明年新開一渠引

水由南而東穿入土壩未合龍之口向東而折迄南

山之麓迤運而下仍由白馬灘北折而入河渠之所

經自吳石以下各閘均受其益是得治水因勢而利

導之之法而其妙運尤在石埧與進水退水兩閘之

關鍵一則洩山水之暴漲一則束河流之暢利具見

賢有司為民興利之誠心有此精思殊堪嘉尚果能

始終其事必有成效可觀至另摺所擬七條均屬切

實若次第興舉將見費不虛糜工歸實濟為該縣興

數十年已廢之地利化瘠土為膏壤國計民生均有

裨益西門鄭國不得專美於前矣尚其勉旃有厚望

馬仍候督憲暨藩司批示繳圖摺存六月十八日

護道台崇批查勘估七星渠開做渠口並建修進水

五一

退水閘各工及一切渠工章程尚屬詳細周妥至稱

工料費項以倉糧變價挪用之處仰候各憲批示飭

遵繳清摺圖說存六月二十三日

甘肅候補知府謝威鳳通勘七星渠稟 光緒二十五年六月初一日

竊卑府於五月十五日奉到憲札內開以往年七星

渠口由下游改在上游目必就水之勢決非無故遷

徙今欲避山水之衝仍歸舊地不知地勢水勢何如

且欲與柳星渠同在一處引水不知能否敷兩渠之

五二

用必須通盤籌畫方可定議且下游另有山水均能

衝壞渠身舊時做法或築飛槽或修暗洞除害興利

一切工程均未可鹵莽從事查謝守威鳳於該處地

方情形最為熟悉現赴花定辦理鹽務應飭順道至

中衛會同王署令周歷渠口上下相度形勢將改修

渠口利弊詳細擘畫並將下游應築飛槽暗洞諸處

妥為籌度悉心估計先行稟覆核奪等因奉此仰見

興廢盛德感佩曷言卑府於二十六日抵中衛王令

樹栿即飛諭渠甯巡檢高攀斗傳集紳士張明善劉

彥邦等先至泉眼山等候二十八日卑府與王令同

至七星渠口周勘形勢二十九日再量河面并探河

底三十日由甯安堡東勘小徑溝紅柳溝直至鳴沙

州白馬通灘止小徑溝飛槽石墩堅固山水亦不常

見但嫌飛槽稍狹耳紅柳溝暗洞雖未挖視聞石料

尚有一半可用者其通渠下手最難之處全在渠口

查泉眼山在甯安堡西南三十里南山之麓泉眼山

下原開七星柳星貼三渠七星渠口略上而偏南正

當山河沖流之害不若柳星渠口偏北直吞黃河南

支之流而貼渠口又在柳星渠口內依七星渠北蚌

開成之同為安靜也七星渠原灌新寧安麗下恩和

鳴沙及白馬通灘之地計一百七八十里自渠口壞

後迄今荒地在三萬畝有奇卑府細為履勘山河源

出固原牛營北流數百里直將南山戈壁沖成深溝

而出平地半里許河深近丈寬七八文胡卅道於此

築一大壩以障之長三四十丈據高委員稱合龍時

口僅丈餘自五月山水暴發沖脫十餘丈僅見兩岸

土堆而山河自此旋折而東一里有餘而河身漸寬

水亦漸平山下有石突出曰鷹觜高如巨屋聳峙河

岸石外山崖向河灣抱如弓王令擬依大石斜築進

水閘三空就崖灣開新渠三里以接舊渠之身接連

進水閘橫築退水閘二空於舊渠正中以洩山河暴

漲之水其新渠口則改自上游紅崖子此處地勢既

順河水亦旺足敷白馬通灘之用其口開寬二十丈

順流二百餘步以合山河併流入閘蓋七星渠口所

惡者山水暴漲至則山水多而黃水少宜開進水閘

開退水閘以洩之所喜者暴漲不過三二日消落之

後則山水少而黃水多宜開退水閘開進水閘以受

之如此則山水冲決之患可避矣非得堅基不加工

非能永逸不枉勞款雖鉅必力求撙節而妥籌之事

雖難必力求賢能以贊助之精誠所至金石爲開況

有把握之事乎王令之言令人興起卑府比飭渠夫

掘之去沙一丈果見石子依大石量河寬約三十丈

北岸雖係沙灘如王令所籌從石底堅固做出當亦

可避沖決之患此地黃河與山河并流絕無高下飛

槽暗洞均無所施舍此別無辦法聞憲台已派陶副

將美珍來修此渠美珍結實志同王令乞餉旱至幫

同商辦尤王令之願也夫以數十百年之廢渠昔人

築口之法固不可尋即武員勤能如馮故提督郁康

五八

文員明幹如匡牧翼之久欲謀此而計無所出獨王

令見及且得我帥主持竟使三萬餘畝之荒地復為

膏腴此固國計民生之福抑亦千載一時之事也至

若經費卑府原不善估以愚見度之殆非二萬不可

此王令之責自有估單惟全渠廢弛已久口工閘工

土工浩大興常入限於時日兵勇與民夫并力趕做

已有汲汲之勢紅柳溝以下之工萬不能一時并舉

明春鳴沙上游諸工做好秋後再行設法開修白馬

通灘則次第興工萬不至失於鹵莽但此事非得王

令一手辦成深恐前功盡棄殊為可惜卑府專為興

廢盛舉起見是否有當伏候鈞裁敬再稟者夫治渠

如治身也身有咽喉胸膈臟腑三關之病正今日七

星渠之謂也渠口其咽喉小徑溝之飛槽紅柳溝之

閻洞即其胸膈臟腑之關也今紅柳溝閻洞未復白

馬灘之荒無論矣即視胡升道所修小徑溝飛槽係

一墩兩岸坪中二空以出山水上加飛槽寬一丈長

七丈釘毡於板舖沙以渡渠水專為引灌鳴沙一州

荒地起見功頗堅固而水仍不來致鳴沙稍段百姓

見王令環跪求水不已王令首重修口并能擇出鷹

眥石堅地分建進水退水之閘并改修新渠三里以

進河水讓出舊渠正冲以洩山水渠口堅定然後幫

飛槽修閘洞挑渠身以救全局通計所費不過三萬

金上下即可收三萬餘畝荒地之利而王令且有籌

法款尤不致終空可謂事事有條處處不苟實治該

渠國手非鹵莽庸醫比也所最奇者王令文人竟能
深諳工作躬耐勞苦開工之日擬搭棚居督一切要
榮就此辦理不講官派祇求踏實實出卑府意料之
外我帥委署中衛殆亦該渠興復機關卑府泰署寧
夏知府兩次中衛亦是子民倘使王令竟此全功卑
府亦當頂祝欣感不遑矣至若小徑溝之用飛槽紅
柳溝之用閘洞皆古人至當不移之法卑府前日西
陳出自意度今日見之不敢自作聰明妄議改輒飛

槽已修祇待幫寬即如法矣紅柳溝寬近三十丈起

甕架槽難且不牢闇洞東邊平舖石條尚在西邊不

見東西邊兩牆高近二丈砌石如故修築之料可就

半而費當不少昨經鳴沙州白馬通灘地平如掌溝

塍宛然立馬望之渺然無際得水即開竟使荒廢昔

之守土不能辭其責也慨嘆久之再周守景曾於是

渠修復有益民生志意甚堅乞將兩禀發閱以質所

見無任感叩

札中衛縣七月初十日

陝甘總督部堂陶為札飭事照得現據署中衛縣王

令稟准修理七星渠改口建閘挑濬渠身工程浩大

非派撥營旅前往日事工作不足以期迅速而觀厥

成應飭駐省之鎮夏後旅率所部全隊拔往駐寧安

之宣咸中旂駐寧之廿軍副前旂及寧夏鎮標練軍

各步隊除留守防地外各按八成隊伍迅即開拔中

衛由各管帶會商王署令分別段落各駐工所督率

六四

弁勇踴躍工作不可數衍弁勇於應支餉糧外每名
每日加給津貼銀二分以示體恤應自開拔之日起
至工竣回防之日止按月隨餉請領轉給至在工所
需食用等項即由各旂自行籌備毋許再向地方官
民稍有需索違者查究除分行外為此札仰該縣即
便知照此札

覆陳七星渠開口建閘河水足用稟光緒二十五年
七月十二日

竊某前因七星失修成廢有碍農田擬就該渠改口

建閘曾經酌議章程繪具圖說並估計工費稟候核

示飭遵在案嗣奉憲台批示以黃河北徙紅崖子在

其南地勢較高僅分支流之支流設河水未漲之時

水不能上勢必坐困鷹觜石地狹其溜必急所稱水

勢平衍恐是揣度之詞此處築基立閘稍不穩固必

遭沖捐應由該令先時籌酌據實稟覆核奪等因仰

見憲慮精密慎始圖終之至意某初以七星渠舊口

為柳星渠侵佔擬仍在舊口與柳星渠合撅一壩可

避山河之害旋困相度地勢柳星渠所用之水係黃

河支流之分支且河勢不甚穩定恐一旦缺水不足

濟兩渠之用嗣至五月下旬河水驟落支流幾幾乾

涸柳星渠以下六渠全行缺水惟七星渠所開之口

較上尚有水五六分之譜若在紅崖子開口則進而

益上係黃河之正支流河水寬深數十年來未經遷

變且地勢由高而下來勢甚長將來白馬灘一帶農

田墾復水利可期足用下流三里許至泉眼山鷹觜

石渠水經過之處一面山一面高灘生成形勢而水
勢至此又平緩不急從此建閘最得地勢且渠水直
射出閘並無阻塞之處水大之時並有矮埤可以翻
出紳民等僉稱如此辦法可以得山河之益不受山
河之害惟工料必須堅固費稍鉅耳以下退水閘七
道係前人所修已二百餘年今皆損壞十之七八所
退之水各有河道與貼渠等無相干犯明歲惟擇其
要者修補之不然隨濬隨淤雖日日挖渠終歸無補

六八

至應需物料均應及時購辦惟變賣倉糧尚需日時

一刻難於應手且卑縣又別無款項可動再四思維

惟有仰懇憲恩俯准札飭卑縣釐局委員遵照先行

挪款及時撥兌以應急需而免遲悞一俟倉糧變價

即如數歸還以便報解而清公項其為渠工需用起

見理合稟請憲台鑒核俯賜批示祇遵

督部陶批據該縣夾單稟修理七星渠工程所需經

費請由中衛釐局挪借一案奉批單稟已悉修理七

星渠工程所需購買物料經費准由中衛釐局就近
先行挪借以資應用俟倉糧變價隨時歸款可也仰
甘藩司移局飭遵繳七月十九日

藩台岑批單稟已悉紅崖口既無慮缺水鷹皆石亦
生成平緩均應如前稟辦理至糧價一時難於應手
請由該縣釐局先行挪款應急既據逐稟應候督憲
批示仍將領單費辦法遵照前批稟覆毋違此繳七
月十七日

移姚縣丞曾祺七月二十六日

案查敕縣稟修七星渠工蒙督部陶批准撥帑興修

並准委派貴委員駐工經理一切俾專責成等因奉

此相應備文移請貴委員請煩查照來移事理並抄

錄院批知照認真辦理望切施行

移喻副將東高七月二十六日

竊照敕縣稟修七星渠工業蒙督部批准撥帑興修

並派四旂兵勇下縣於八月間開工修作惟工程浩

七一

大非得通諳渠務之人協同督理恐致有悮要工貴

軍門前在寧夏帶隊修渠歷有年所相應備文移請

貴軍門俯念渠工關重查照稟定章程會同姚委員

高巡檢常川駐工經理一切是所盼禱

扎渠寧巡檢高攀斗七月二十六日

照得七星渠荒廢經年業經本縣稟准列憲撥營發

帑興修在案惟查七星渠延長一百餘里分工修作

上下稽查本縣一人勢難兼顧而渠口閘工關重尤

須朝夕監修認真經理方免貽悞要工為此札仰該

巡檢遵照票定章程會同姚委員等常川駐工商辦

一切毋得疏忽怠慢有員委任

諭七星渠首士八月初一日

案照本縣前因七星渠失修咸廢有碍農田當經酌

議章程繪具圖說並估計工料稟請各憲鑒核發帑

興修以資利賴並懇委員督辦經理一切俾免貽悞

各在案惟查明春工程浩大責重事繁函應先期分

七三

別工所選派紳民幫同勸理俾各專責成合行諭飭

為此仰武生王楨文生黨雍熙遵照來諭內事理刻

即前赴渠口工所監修進水退水各閘並跳水矮堋

各工查照章程督率工匠妥為經理總以工堅料實

經久不磨為要貢生張明善楊合潤督擽渠口支水

迎水兩堋武生王正學黃開科趙積善貢生毛東華

督修小徑溝飛槽及拖尾開各工文生劉彥邦武生

王世憲陳紹武監生黃經五朱成章胡萬明督濬渠

口以下渠道開寬十二丈深六尺餘為的該生等務

須各勵精神認真將事毋得草率塞責致員委任而

惧渠工此係為民興利之舉如有營私惧公情事一

經察覺定即查明從嚴革究毋得視為具文切切特

諭

諭石廠匠頭八月初一日

案照七星渠工程蒙各憲發帑興修並請委員督率

經理在案此次須用石料甚多急宜開廠採用合行

七五

諭飭為此仰該厰頭潘占鼇光正明張富貴潘悅田

茂志遵照來諭內事理刻即分立五厰剋日開厰興

工此係督憲飭修要工須用石料甚多酌定每車發

給錢四十文工竣厚加賞賜該厰頭人等不得故意

揢勒如有違悞定即從嚴究辦不貸其各凜之切切

特諭

諭監管石厰首士八月初一日

案照七星渠工程業經本縣估計工程稟准各憲發

帮興修在案除按渠段分別諭飭遵辦各專責成外

所有秋後所開石厰特諭趙積善朱成章監管為此

諭飭該首士遵照來諭内事理刻即前去該處將石

厰按五處分立厰内一應事務委為經理其運石車

輛從前每車發給運脚錢八十文此係列憲飭修要

工須用甚多減半酌議每車給錢四十文自諭之後

務須按照定章分別如數實發毋得稍涉朦混致干

革究

諭監修渠局首士八月初一日

案照縣屬七星渠工程業蒙各憲發帑興修在案茲

擬於鷹嘴石山創修龍王廟一所以妥神靈仍一面

作為渠局俾委員紳士有所棲宿其應修工程特諭

王楨劉彥邦二人經手監修合行諭飭該首士遵照

刻即前赴該處將應修龍王廟地趾詳細查閱相度

形勢尅日興工仍將需用各項物料及時採辦以資

應用自諭之後務須認真經理毋得稍涉疏懶並宜

七八

工堅料實不得矇混取巧切速切速特諭

諭楊承基八月初十日

緊查七星渠工費浩大凡應備之器具應購之物料

以及車價匠工渠夫壩費一切收支出納各項亟應

選派心精守潔之人經理賬目俾專責成為此諭仰

五品軍功楊承基遵照來諭內事理刻即前赴渠工

局所稟承局員將應需各項賬目細心經理事關渠

工要件毋得稍有含混致干查究

七九

會同四旌管帶官通報拔隊開工日期稟光緒二十五年八月初九日

敬稟者竊標下等前奉憲台札開准修縣屬七星渠

一案因工程浩大蒙飭標下等各帶隊伍開赴中衛

會同樹栰分別段落督率興作並飭將起程與工各

日期具報查考等因奉此標下美珍遂於六月二十

四日由省拔隊起程於七月初四日行抵中衛十五

日開赴紅崖子渠口駐紮標下弒生導於七月十七

日馳抵寧安堡防所所有接帶日期及防所應辦一

切各事宜業經另文申報在案標下南斌於七月二

十二日由府城開拔二十六日即抵縣屬恩和堡工

所隨就該處華嚴寺駐紮標下萬全於七月二十五

日由府城拔隊起程二十七日到縣屬鳴沙州工所

現已駐紮就緒標下等各按到工之期先行移會王

令知照樹枬於七月二十八九等日先後馳詣各工

所以次面商一切所有標下等均各撥八成隊伍以

備興工業由樹枬分別查照無異隨即會同親往沿

渠上下週歷履勘相度情形分別次第擇其緊要而

不妨渠水者先行修作分別段落擇定日期同時興

工標下美珍於八月初一日開濬鷹石嘴新渠一道

長三里餘標下南斌於八月初一日開濬八畝灣退

水河一道長約六里許標下斌生於八月初一日開

寬蕭家閘以下渠埂標下萬全於八月初一日開濬

鳴沙州荒渠一道長約三里許惟此渠廢棄已久淤

塞漸平此次興修事與初創無異現值工程經始標

下等自當會商王署令與委員等協力同心督率營

勇約束紳民踊躍從事俾功歸實踐費不虛糜以仰

副我憲台振興水利之至意所有興工日期理合會

銜稟報仰請憲台電鑒俯賜批示祗遵

諭起秋夫八月二十日

諭七星渠首士張明善王楨毛東華劉彥邦黃開科

陳紹武趙積善王世憲党雍熙朱成章胡萬明楊舍

潤黃經五王正學知悉照得該渠前蒙大憲督修此

八三

渠興復舊規並蒙派撥四旂兵勇幫同修作惟工程

浩大今歲各旂分段興工實有竭蹶之勢秋後若不

起夫會同修濬明春只有四十日恐不能依限竣工

所關於農田者甚大此事係為此渠規畫久遠求一

勞永逸之計該士民等各有天良各知利害況秋夫

一節又係乾隆五十一年舊章並非創自今始仰首

士等速即傳諭各堡田戶遵照於九月初十日按畝

起夫至地凍而止今年多作一分之工明年少用一

分之力務各踴躍從事以顧要工如敢抗違定即提

案究辦切切此諭

為出示曉諭事照得七星渠工程已蒙督憲派撥四

營兵勇到縣業經分段興作日起有功惟工程浩大

轉瞬即屆地凍且明春亦只四十日工期現在兵勇

雖有四營而一經按段分作人數反覺不敷若不趁

此起夫併力修作誠恐功大人少不能剋期竣事於

八五

農田大有關礙本縣竊維此次修理渠道無非為該

渠紳民人等水利有賴起見且極力規畫以圖永逸

之計傳垂永遠該紳民各有天良亟應仰體此心爭

先趨事以觀厥成況秋後起派民夫有乾隆五十一

年定章可援相沿未更並非今日創舉且與民無累

於渠有益除諭飭首士張明善等傳知各堡田戶遵

照外茲定於九月初十日為起夫之期合行出示曉

諭為此仰各堡有田花戶等刻將自分田畝查明共

有若干照章約計如數出夫務於九月初十日按畝

起派前往工作至地凍而止衣食之源所係在此務

各踴躍從事以濟要工自示之後如敢故違或隱匿

畝數希圖脫夫情弊一經查出或被控告定即提案

嚴追究辦並加倍示罰不貸其各凜之毋違切切特

示

諭起車運料十一月初四日

諭七星渠首士張明善黃開科劉彥邦毛東華黃經

五楊含潤王世憲王楨朱成章党雍熙王正學趙積

善陳紹武胡萬明等知悉照得七星渠應需木料石

塊必須於今冬預備齊全方不悮明春工作現值秋

收已畢車牛無事之際仰該首士等催令堡長將車

輛分日備齊並將所買椿木按料分運毋得抗玩貽

悮要工致干提究

諭灰匠十一月初五日

諭灰匠李青知悉照得七星渠口閘工開春即須修

築必須先期多修窰座燒灰備用惟沿渠向無灰石

採運須在百里之外昨於十五日在渠口里許挖出

灰石一坑不知何年搬運備作修渠之用仰該石匠

趕緊挖取試燒如果堅白可用即多催匠人運炭開

燒至於工價一項即與首士等議定以便支給切切

特諭

四旂管帶官會報停工日期稟十一月初六日

竊本年七月間蒙派四旂兵勇修理七星全渠業將

開工日期稟明在案現在天寒地凍不能興作均已

次第停工標下美珍新開鷹嘴石以下山灣渠道寬

十二大深四五尺不等計長二里有餘此處沙石最

重畧施鍬鍤水即溢出兵勇多在水中工作染病者

每日不乏剋下已作三分之二開春水落方能濬深

如式入渠口荒涼向無居人樹枏於鷹嘴石山上建

渠工局一所連龍王廟共十八間其土磚皆係標下

美珍親兵所作兵勇皆於修渠之暇搭建房屋以居

皆美珍捐貲備辦標下弒生修理渠道自雙空閘起

至鹽池閘止共修一萬二千一百六拾九弓長三十

餘里加寬二丈五六尺不等明春水落始能挖取水

平寬深如式現與委員沿渠買樹三百餘株派兵幫

同斫伐以備閘樁之用標下南弒於八畝灣以下新

開退水閘河長六百四十二弓寬三丈深二三丈不

等又淘挖正渠自八畝灣至小徑溝止長二千六百

四十弓又從雙廟子至華嚴寺止長一千六百一十

弓加寬六七尺不等南祇復捐廉三十餘金購買木

椽就廟內添蓋房屋以免兵勇寒凍標下萬全新開

鳴沙州南支生渠自紅柳溝至分水閘止長八百三

十弓闊三丈三四尺深九尺分水閘以上皆係正渠

至馮城溝止長二千二百二十弓開寬三丈五六尺

深一丈五六尺不等馮城溝至小徑溝長四千四百

二十五弓開寬四丈深一丈八九尺不等樹栅查各

旅兵勇令歲興作祇兩月有餘披星而往帶月而歸

協力同心皆視公事如己事故能取效神速全渠工

作已有六七分之譜惟明歲興工祇四十日為期甚

迫現在已催車運石催匠燒灰並商派兵勇於操演

之暇斫椿備用大約膠泥須五六千車閘石須三萬

車灰石須一千車木椿須十萬科必須備齊足用鐵

钁挑筐等器近已損壞多半概須於今冬添補齊全

所費實屬不貲標下於冬防無事之時認真操演不

敢稍航逸安致負委任至於防暇仍將渠工應作之

事幇同辦理以顧要工所有各旗分作工程及停工

日期謹據實會稟電鑒

督部陶批據稟已悉仍俟來年凍解動工興修務望

同心協力剋期告成使農民及時同沾水澤毋惧春

耕為要另單併悉仍候行司查照繳十一月十二日

中衛知縣王樹枏輯

按飭派夫示十二月十三日

照縣屬七星渠工浩大業經詳請帑項及時修理

俾興水利而復舊額現值興工伊始雖經派撥營勇

幫同修治而工程緊要仍須派用民夫併力工作俾

免邊就而速成功查該渠所轄各堡向來舊規均按

塘數派夫中多朦混苦樂不均今特酌定章程擬按

熟田二十五畝出夫一名共做工四十五日以四晌

為一日按畝分工每田一畝應攤工一日零三晌半

茲查新寧安堡原額共田六千二百一十七畝一分

六釐除荒廢外就實徵紅冊核對該堡現墾成熟田

五千一百五十二畝六分六釐依計畝出夫按日分

晌之法應共攤工九千二百七十四個三晌每日應

得夫二百六名舊四庄原額共田二千五百九畝二

分六毫二忽除荒廢外就實徵紅冊核對該堡現墾

成熟田二千二畝六分六釐二毫依計畝出夫

按日分晌之法應共攤工三千六百四十個三晌每

日應得夫八十一名恩和堡原額田共二萬二千四

百六十六畝三分五釐七毫二絲六忽除荒廢外就

實徵紅冊核對該堡現墾成熟田一萬七千八十六

畝六分二釐依計畝出夫按日分晌之法應共攤工

三萬七百五十六個每日應得夫六百八十四名鳴

沙州原額田共八千九百六十二畝七釐除荒廢外

就實徵紅冊核對該堡現墾成熟田二千三百八畝

四分九釐依計畝出夫按日分晌之法應共攤工四

千一百五十五個一晌每日應得夫九十二名合計

四堡熟田共二萬六千五百七十二畝四分三釐六

毫共出夫一千六十三名共工作四萬七千八百二

十六個如有短夫情事不論何堡即按一名罰錢三

百文至明年渠工需用顏料斟酌舊規每畝出錢七

十文合行出示曉諭為此示仰各該堡田戶並紳耆

士庶一體知悉凡屬有田之戶務須查照定章按畝

攤派每夫一名攤工一日零三晌半如不足分數或

故意短夫定即按名議罰決不寬貸自示之後毋得

視為具文其各凜之毋違切切特示

徵收壩料錢文示十二月十八日

照得七星渠工程明歲壩料錢文前經本縣明白示

諭按以熟地計畝完納在案轉瞬春工到期亟應定

期抽收以資撥用而便工作茲定明歲正月十五日

開徵除派差分催外合行出示曉諭為此示仰該七

星渠上下各段受水田戶人等遵照各按定章每畝

出工料錢七十文該納戶等務即趕速措借前赴七

星渠分局掃數完納不得帶欠並隨時掣取串票收

執渠工關重仍須踴躍爭先毋得觀望拖延致有遲

悞自示之後倘有刁生劣監故意違抗一經查出或

被告發定即提案嚴行究追從重責罰決不姑寬其

各凜之毋違切切特示

開工日期稟光緒二十六年二月二十日

竊照卑縣七星渠工程自去冬寒凝冰結後旋即停

止業經具稟通報在案現值陽和始布冰凍尚未全

解而工程浩大不能不及早興修葉於二月初旬馳

抵工所會同各旂官相度土宜自鹽池閘以下抵八

畝灣凡十五里渠埂皆係沙土堆積高三丈不等必

須先將此處展開一二大方能修濬渠身沙土向來

經冬不凍易於施工因與各旂畫清段落定期於二

一〇二

月十二日開工以便合力修作所有各旂兵勇除舊

原有廟宇以資棲息外餘皆攜帶布棚率由隙地按

段挨次屯紮並無擅駐民房情事所有與工日期理

合稟請憲台鑒核

督部魏批據稟已悉仰即移會各該旂官各按段落

督飭兵勇趕緊妥為修濬以冀早告成工是為至要

繳 三月初二日

渠口閘工告竣稟四月二十二日

竊卑縣七星渠荒廢經年去歲蒙督帥陶飭令興修

並派撥四旂兵勇下縣協同修濬其以渠口為全渠

之咽喉而此處向來屢受山水之害以致全渠淤廢

田畝荒蕪人民逃散者約至十分之半其親勘地勢

稟請於渠口之下鷹石嘴建築進水退水二閘以防

山水不時之虞業蒙允准在案惟彼時正值農田用

水之時至冬水欲後地又凍結皆不能及早興工今

歲清明後開工至立夏前後僅三四十日即又到放

水之期工程浩大迫於期限興作之艱祇以此故其

奉札後於興修一切壩料皆在年前購齊而各旂則

自去年到工皆先分段倒堰開寬以為今歲濬深之

地今年三月初二日起夫到工值山水微細之時先

將大壩合龍支入黃河以便下游興作彼時繩量黃

河開渠處之口面寬七十丈凡摟支水石埂三十丈

迎水石埂十二丈皆底寬十丈出水頂瀾七八尺進

水退水石開六墩五空淘至石底密釘木樁上舖紅

石底塘凡寬七丈長二十丈進水南邊墻寬一丈長

八丈進水中二墩皆寬一丈二尺長一丈六尺分水

墩頭寬一丈五尺尾寬四丈長八丈退水中墩寬一

丈五尺長三丈退水北邊墩寬一丈六尺長三丈五

尺進退水閘每空皆寬一丈六尺接堰挑水矮埧寬

一丈三尺長四十三丈入地一丈出地三尺至沿渠

之減水各閘凡補修三道而拖尾一閘則從新修築

以備灌溉鳴沙一帶之高田以上諸工皆於四月初

九日告竣各班兵勇則自今年二月十二日起工凡

開深渠道八十二里渠口至鷹石嘴長一里開寬二

十丈深六尺鷹石嘴以下係傍山新開渠道長二里

寬十丈深七尺接舊渠至龍王廟長八里寬七八丈

不等深六尺龍王廟至插花廟長五里寬六七丈不

等深六尺插花廟至石峽長十里寬五六丈不等深

六尺石峽至鹽池閘長十里寬四五丈不等深六尺

鹽池閘至大渠橋長十四里寬三丈餘深五六尺大

渠橋至小徑溝長八里寬二三丈不等深五六尺小

徑溝至鳴沙州長二十里寬二丈五六尺不等深五

六尺以上各工均已一律修造堅固疏瀹深通惟小

經溝飛槽去春修築之石墩邊牆皆為水浸捐此工

為渠道中腰最關緊要非澈底改作堅實難期久遠

而此間所用之石均係攙石無能用鑽者非知工匠

八不能修築某徧覓閤縣石匠只得三十餘人渠口

開工僅敷使用迫於時限萬不能兼顧他處至誤要

工因依南山另開一渠長三里許接小徑溝上下之

渠權行渡水以濟鳴沙州夏田之用俟將槽洞作好

仍使改行舊道其已於初十日調撥渠口匠人全在

小徑溝工作約計四月內必能告成將來做畢即另

為圖說恭呈鑒核其謹於四月十一日祭河開水洪

流直注刻已到梢較之往年多至十分之七鳴沙州

荒熟各田概行灌溉堪慰憲廑至於一切工程可否

派委寧夏本道本府就近驗工以昭核實之處出自

一〇九

鈞裁再鳴沙州現在承領荒田四十餘頃流亡復業者二百餘家合併聲明

督部魏批據稟七星渠閘工告竣渠道疏通請就近委員勘驗工程稟由仰甘藩司即便移飭寧夏道府會同查勘具報繳五月初八日

藩台岑批據稟知七星渠前定各工尅期藏事未盡各工確有把握祭河開水多於往年十之七承領荒田旋復流亡二百家賢令尹長才實心為地方造此

厚福慶幸之餘繼以欣羨至驗工之舉似可俟飛槽

一律工竣再行照例委辦也仍候督憲批示此繳五

月初八日

敬陳文武員弁在工出力稟四月二十二日

卑縣七星渠自渠口至鳴沙州長約百里渠口以下

十數餘里全係石子凝結而成有累年不解之凍龍

王廟以下六七十里概係黃沙壓沒渠身深不及尺

工程浩大萬非民力所逮若再不修作則四五年後

便成廢渠去歲蒙憲臺派撥四旂兵勇下縣自七月

間開工至今年四月放水之日或分段興修或通力

合作旂官陶美珍陳斌生董南茷總哨長梁伏本等

督率兵勇認真將事五更上工日西始息暴身於酷

暑狂風之下赤足於堅冰虐雪之中淘濬之艱力役

之苦實非筆所能述前奉憲臺札飭各旂以八成隊

伍上工某逐日在工查點各旂人數尚有不止八成

者若非該旂官等躬親督作視如己事則立夏以前

二二

祗四十日工程萬不能如此之速而且固也至於河
身之映水大堆鷹石嘴之進水退水二閘小徑溝之
飛槽豐城溝之陰洞以及三道拖尾各處閘工皆係
姚委員曾祺署巡檢攀斗監修督作晝夜奔馳動逾
百里任勞任怨艱瘁不辭凡一切工程皆與某熟商
辦理毫無掣肘之虞故能戮力同心用藏厥事此皆
目所親擊萬不敢一言虛餙上負憲臺委任之至意
惟自放水以後民夫皆務種田不能再派工作渠口

以下三十餘里有蕭家閘一座為退水洩沙之要工

敗壞已久尚須補修又自八畝灣以下新添退水閘

一座河身尚有四五里未及開通皆須各旂兵勇補

修續作此二處者修理完竣即接修鳴沙州以下紅

柳溝暗洞開白馬通灘三萬餘畝之田將來如何修

作估工若干容俟另案稟陳恭呈鑒核伏乞憲恩仍

將四旂兵勇及高署巡檢姚委員留工辦理始終其

事則造福生民為無既矣

督部魏批據稟七星渠以下蕭家閘等處要工敗壞

已久亟應接修完固准如請將四旗兵勇及高姚二

員仍留工作以竟全功繳五月初十日

藩台岑批據稟已悉文武隊伍之戮力同心益見該

員之作用有方自應仍留四旗並高姚二員以竟全

功仍候督憲批示此繳五月初十日

敬陳七星渠首士在工出力稟 四月二十二日

此次渠工浩大溝路縣長雖係重修無異創始必得

熟悉水利認真辦事之人分工督作各專責成方能

收眾擎易舉之效其集眾籌議選派士民飭武生王

楨党雍熙張光耀督飭鷹石嘴之進退水五空大閘

及接連之跳水長埧飭貢生張明善廩生楊含潤督

撅渠口迎水支水之大埧飭增生劉彥邦監生黃經

五武生王世憲督修渠口以下渠道飭首民朱成章

督修洩沙退水三閘飭武生王正學黃開科陳紹武

趙積善首民胡萬明督辦小經溝飛槽物料修理焉

一一六

城溝橋洞及拖尾一開飭五品軍功楊承基經理一

切壩料及出入賬項自去年七月起今年放水之日

無日不住居工所糲食露居雨雪風沙備嘗艱苦凡

地方刁生劣監阻撓公事者皆能持平辦理不避怨

嫌雖係為身家切己之圖而竭蹶微勞不無足錄合

無仰懇憲恩將王楨黨雍熙張明善楊含潤張光耀

賞給五品功牌黃經五王世憲胡萬明朱成章賞給

六品功牌以示鼓勵屬出自逾格鴻慈則感戴生成為

無既矣

督部魏批單稟已悉該縣武生王楨等十人料理渠
工一切事宜不無微勞足錄應一律填給六品功牌
各一分以示鼓勵功牌隨批附發仰即查收分給祇
領具報繳五月初一日

致中衛縣六月初一日

五月二十一二等日此間大沛甘霖透士尺許農望
頗慰此次雨勢甚廣想中衛一帶亦已膏澤同露矣

二八

前此畿甸之間拳匪滋事外洋各國紛紛召兵保護

使館各節諒尊處早有所聞迭接西安轉電樞臣一

意主撫早已慮其難了乃昨接敬電竟以該匪不戢

致開釁端現在各國之兵麕集天津海口云已開戰

京師戒嚴北望彌深焦痛根本搖動人心皇皇赴援

防堵各務在在均須整備擬將實標練軍及鎮夏後

旂調赴平涼扼要駐紮以資兼顧關隴該旂等現辦

渠工應即暫停先其所急俟軍務稍鬆再議修理卓

見當亦謂然也除另備公牘外特此布知魏光燾

夏間北方拳匪亂起啟釁強鄰 廷旨徵兵急

如星火五月二十八日魏帥札調陶董兩旅由

岑藩台統帶入衞而宣威中旅及廿軍副前旅

亦於七月間各調回防操練渠工遂爾中止功

虧一簣惜哉辛丑六月初五日樹枏誌

小徑溝橋洞竣工稟光緖二十六年六月二十日

竊阜縣七星渠小徑溝向係單陰石洞山水下渡渠

水上流數十年經山水沖決鳴沙州田畝荒廢至今

現時承種納糧者祇二千餘畝年年缺水告災人民

逃散去歲胡丗司於單陰洞舊址之上百餘步造建

飛槽雨空頗著成效而飛槽概係木質風吹日炙易

於漏裂不能經久今年渠口來源浩大渠道寬深飛

槽之石墩邊墻為水力壓損其與陶副將美珍及閻

堡士民商酌仍改作單陰橋洞以為百年不敝之計

釘木椿上鋪鑽石洞上駕木樑鋪木板以桐油石灰

彌其縫以石板鋪平底堂以羊毛膠泥鋪厚一尺上

築黄土二尺五寸入通長二十丈寬十二丈鋪膠泥

一尺堅築之得六七寸復以黄土夯築三尺許遂與

上下渠平然後和馬蘭草築兩邊土埂各寬三丈五

尺高八尺中留渠道兩丈前後置以水平以為淺深

記識洞長凡九丈寬一丈一尺高一丈石邊墻東西

前後四處各長四丈七尺五寸凡用鑽石二千七百

九十塊紅毛石一千八百車碎石二千車石板一十

六萬七千七百七十觔邊梁八根橫梁四十八根立

柱二十二根鐵拉馬五十四枚大鐵釘五百六十四

枚厚木板七十六塊桐油六十二觔羊毛五百觔膠

泥一萬三千車石灰四十二萬八千觔馬蘭草十萬

觔其工則陶副將美珍帶隊督修遊擊董南斌協同

興作兹復移請前甘肅補用副將喻東高常川駐工

監視六月初陶董兩旂調赴平涼洞旁土堺尚未告

竣甘軍總哨梁伏本管帶宣威中旂陳斌生接續分

築南北二埧現已一律告成水勢暢流鳴沙州一堡

之田可保永無缺水之患某查七星全渠被山水之

害凡四處閘工告成則咽喉已通而山水之害去其

一小徑溝洞工告成則心腹無阻而山水之害去其

二下此則豐城溝雙陰洞今歲已補修完好惟餘紅

柳溝暗洞一處尚未修復然上游源頭已旺則將來

接續修作勢如破竹矣所有小徑溝工竣緣由理合

稟請憲台鑒核一俟札飭本府驗工實為德便

寧夏本道府勘工札光緒二十六年七月初一日

五月二十日准藩司岑移奉督憲魏批據中衛縣王

令稟七星渠閘工告竣渠道疏通請就近委員勘驗

工程稟由奉批據稟已悉仰甘藩司即便移飭寧夏

道府會同查勘具報繳等因奉此查此案前據該縣

逐稟到司當即批示印發在案茲奉前因擬合移知

為此合移請煩查照院批內事理希即督同寧夏府

一二五

前往中衛將王令修竣七星渠工確切查勘是否工

堅料實有無偷減浮冒情事聯銜逕報督憲查核並

覆本司備案施行等因准此本府道定於七月二十一

日由寗起程前往會勘七星渠工程除分別申咨並

道署公事札委寗夏縣代拆代行府署公事札委寗

朔縣代拆代行外合行札飭該縣即便知照此札

本道府憲勘工稟 八月十六日

案奉藩司移奉憲台批據中衛縣王令稟七星渠閘

工告竣渠道疏通請就近委員勘驗工程稟由奉批

據稟已悉仰甘藩司即便移飭寧夏道府會同查勘

具報繳等因移道行府奉此職道於七月二十一日

會同卑府輕騎減從束裝起程二十四日馳抵寧安

堡次早督率溫旂官澤林中衛縣王令樹枬前往查

勘七星渠口下之鷹石嘴新建進水退水石閘六墩

五空規模宏峻工程堅固以及支水石埧迎水石埧

均甚得法而接壤跳水矮埧尤關緊要與進水退水

閘相輔而行水大則翻塌退入黃流水小則截攔入

渠蓋此渠向受山河之害每患山水冲決以致渠身

淤塞現在水之進退宛若臂之使指撥縱由我下灌

全渠有利無害尚慮山河水力無常閘工或有不測

之虞詢之該渠士民僉云本年連發山水四次未見

稍有撼動此勘驗閘工之情形也隨沿路折至渠口

以上山河大壩前經胡升任修築未免單薄現經各

骄勇加寬培厚十丈餘尺足截山河之水永資利賴

并勘一路渠道疏通河水暢流新堡橋迤下鹽池閘

之旁復開支渠增田數百畝向之荒蕪者今則禾黍

青蔥矣此皆仰蒙憲台廣興水利為萬民造無疆之

福王令實心實力任勞任怨克蒇厥功也小經溝工

程亦經告竣順道踏勘原設飛槽誠易漏裂現王令

改作單陰橋洞以為百年不敝之計洞用石牆砌成

洞上木梁木板以及鋪底石灰膠泥等項尚無滲漏

之虞工程亦極鞏固水勢暢足達稍誠能袪心腹之

患無山水之害至洞頂渠埧已飭首士等妥為巡護

以免來源過旺致有疏虞豐城溝雙陰洞修補完好

自七星渠口至鳴沙州通渠工程兵民合作挑挖寬

深水勢甚旺一切工程均屬工堅料實與王令開報

相符足資經久並無浮冒情事惟八畝灣王令擬建

退水開藉資宣洩又紅柳溝洞年久淤塞業已廢壞

將來修成可開白馬灘數萬畝之田應由王令斟酌

籌辦查七星渠荒廢有年幸王令才長心細措置得

法竭力經營不辭艱瘁方能成此大工實非尋常勞

績可比應如何獎叙之處伏乞憲裁至修理閘工首

士黨雍熙等業經王令請獎六品頂戴現在小經溝

工程一律告竣所有出力之首事王正學陳紹武趙

積善黃開科四名亦應一律給獎以免向隅所有遵

札會勘緣由理合稟覆大人查核俯賜批示祇遵

樹枏謹案山河大壩修築不過一年今秋果被

山水冲決不出余之所料此工若果如是之易

必不待今日始築此壩矣辛丑九月十五日誌

札中衛縣閏八月初十日

准署藩司何移奉署督憲魏批本道府稟覆會勘中

衛縣七星渠工經該道府會同勘驗均屬工堅料實

足貲經久閱稟實深歡慰王令樹栅於前項渠道竭

力經營不辭勞瘁卒能克竟厥功實屬異常出力各

員并聽候專案具奏分別酌請獎敘以示鼓勵其首

士人等應先酌獎功牌者并准王令查開職銜呈候

填發至八畝灣及紅柳溝洞建閘挑浚之處併由該

令斟酌損益妥慎籌辦俾期利賴同沾仰甘藩司即

便移飭遵照繳等因奉此查此案昨准貴道逕咨到

司正核辦間遵奉前因擬合移知為此合行札飭請煩查

照院札內事理轉飭遵辦施行等因准此合行札飭

為此札仰該縣遵照院批辦理切切此札

請獎功牌稟九月初十日

敬稟者竊卑縣小經溝橋洞工竣業蒙憲台札委本

道本府會勘七星渠上下工程會禀在案頃奉本府札開奉憲台批飭首士人等應先酌獎功牌者幷准王令查開職銜呈候填發等因奉此查卑縣閘工告竣其首士王楨等業蒙獎給六品功牌現在小經溝橋洞大工亦經修築完固其督修之首士武生王正學陳紹武黄開科趙積善四人奉公半載不無微勞足録合無仰懇憲恩一律賞給六品功牌以免向隅是否之處伏候裁答

督部魏批據稟七星渠首士王正學等督修小徑溝

橋洞工程不無微勞足錄准如請填給六品功牌四

張以示鼓勵功牌隨批附發仰即查收分給祗領具

報繳九月十一日

七星渠報銷稟十月二十六日

竊卑縣七星渠灌田七八萬畝延長一百七八十里

為一邑諸渠之冠而田土肥美亦甲於諸渠數十年

前渠口為山水冲塞小徑溝紅柳溝兩處環洞暗洞

亦先後為山水所壞鳴沙州及白馬灘各堡人民逃

散田畝荒蕪其以上各堡僅能得水之田亦被山水

所淤竅咸斥鹵當時屢議興修而工費浩繁因循不

果去歲胡升㮥司於渠口上游築一山河大垻以禦

山水迄未合龍小經溝創建飛槽未久即圮以民力

不足修費太廉暫顧目前終無大效其去歲到任後

奉
前督憲札諭設法興修並允變賣倉糧通挪鳌項

派撥四㳄兵勇下縣興修誠千載一時之遇某當即

傳集熟諳渠務之紳耆士庶沿渠上下勘驗七次以

為此渠大利雖在白馬通灘然非次第興工先將上

游渠口治好則來源乏水即驟開白馬灘以下之田

終亦徒耗工費歸於無濟其稟請於渠口下游鷹石

嘴山創築進水退水二閘以防山水沖塞之患小徑

溝為全渠腰腹飛槽易朽改為橋洞以為一勞永逸

之計自鳴沙州以上各閘皆依次修補完善而兵勇

則專濬渠道近雖寬深未能遽復舊軌其鳴沙州以

上一百一十餘里之田已無缺水之虞咽喉既通腹

心無患祇餘紅柳溝尾閭一處其業於閘工告竣之

時稟請接續修作在案嗣因京畿亂起各旅停工他

調紅柳溝暗洞未及修復功虧一簣須待來年檢查

前卷迷次估計全渠工程皆在十萬金上下去歲謝

守威鳳估計渠口閘工及小徑溝橋洞兩處亦稟稱

非二萬金不可其躬督修做凡一切工料皆親自點

檢不假手紳衿凡用中衞市平銀一萬三千七十三

兩一錢五分三釐業經告竣成功本道本府逐一勘

驗工堅料實稟明在案除其墊銀一千五百四十五

兩三錢六分四釐一毫七絲不計外其覲借倉糧中

衛市平銀六千九百七十兩挪借釐金庫平銀四千

兩前任移交挪借釐金湘平銀四百一十二兩五錢

一分四釐二毫皆已實用實銷現正催收鳴沙州巳

領荒地價銀大約在二千兩之譜擬收齊後儘數歸

還釐金借款容俟另案稟報其不敷之數可否准其

作正開銷抑俟開通白馬灘三萬畝荒田後經收地

價再行歸還謹繕造清冊伏呈鑒核批示祇遵

署藩憲潘為札飭事案奉護督憲何覆據該縣稟覆

與修七星渠開工橋洞一切製造工費報銷清冊奉

覆七星渠為閤邑民食所關數十年來渠塞田荒皆

因鉅費難籌遂爾廢置該令蒞任後不憚煩難躬親

督修卒收事半功倍之效洵屬辦事認真殊堪嘉尚

所有挪借釐金不敷之項應俟開通白馬灘荒田收

獲地價再行歸還以清公欵其餘未竟各工仍由該

令接續修整另文報核希甘肅布政司即便查核飭

遵併移行寧夏道府及釐局知照此致冊存等因奉

此查此案昨據該縣逕稟到司正核辦間茲奉前因

除分別移行外合行札飭為此札仰該縣即便遵照

院批內事理辦理毋違此札十一月十五日

倉糧糶價報銷稟光緒二十六年十一月二十六日

竊某於十一月二十八日奉藩司札開案奉憲臺札

開據該縣稟費興修七星渠閘工橋洞一切製造工

費報銷清冊云云等因奉此竊查卑縣七星渠一切

工程係奉文挪用倉糧變價及釐金兩欵挪借釐金

不敷之項已蒙批准俟將來開通白馬灘荒田收穫

地價歸還而倉糧一項事同一律未蒙明示應請一

併立案遵行實為公便

府憲崇為飭知事案奉道憲志札開准署藩司潘移

奉護督憲李覆據中衞縣王令稟七星渠挪用倉糧

一項懇請一併批示立案稟由奉覆該縣修理七星
渠挪用倉糧變價准一併立案俟開通白馬灘荒田
收獲地價同釐金借項一併歸還以清公欵希甘肅
布政司即便查照飭遵此致等因查此案前據該縣
遞稟到司正核示間旋奉前因擬合移知為此合移
煩照院批內事理希即轉飭遵照施行等因准此合
行札飭札仰該府即飭中衛縣遵照此札等因奉此
行札知為此札仰該縣遵照此札光緒二十七年

正月二十七日

重修中衛七星渠本末記卷下

中衛知縣王樹枏輯

懇請撥營籌費續修紅柳溝以下工程稟十月初九日

竊某於本年十一月二十八日奉藩司札開案奉憲

台札開批該縣七星渠等處水利為閤邑民食所關

數十年渠塞田荒皆因鉅費難籌遂爾廢置該令茲

任後不憚煩難躬親督修卒收事半功倍之效其餘

未竟各工仍由該令接續修整等因奉此竊查卑縣

七星渠荒廢之田盡在鳴沙州及白馬通灘一帶前

蒙派撥營勇四旂下縣修作今歲七月以前將渠口

閘工及小徑溝橋洞次第修竣鳴沙州荒熟各田概

行澆溉凡開懇四十餘項工竣之後稟准接修紅柳

溝暗洞開通白馬灘三萬餘畝之田正擬八月開工

忽奉前督帥魏函諭以北方拳匪滋事京師戒嚴擬

將寗標練軍及鎮夏後旂調赴平涼扼要駐紮以資

兼顧關隴現辦渠工應即暫停先其所急俟軍務稍

鬆再議撥營修理等因隨於六七月間各旂皆先後

開撥渠工遂爾中止今幸天心厭亂軍務敉平若不

及時稟請興修殊無以仰副列憲振興水利諄諄為

民之至意但查紅柳溝以下田戶逃亡無一民夫可

起且上下渠身寬深尚未復舊又加以紅柳溝以下

之正渠子渠皆須重新修濬非派撥三四旂兵勇專

力興作萬難濟事合無仰懇

憲恩仍照舊派撥甯標練軍及甯夏甘軍協同駐紮

卑縣之宣威中旅一併札調下縣修渠以了未竟之

功實於國賦民生大有裨益至於紅柳溝暗洞沖廢

已久將來修作需用灰石泥木一切工料所費不貲

大約須六七千金之譜此項或由憲庫撥欵抑或遵

照前督憲陶批飭仍由卑縣倉糧變價開支統祈批

示祇遵實為公便

護督何覆本司詳覆核議中衛縣禀請撥營籌費續

修紅柳溝工程詳由奉覆如議辦理希即飭遵此致

藩台核議詳覆稿

為核議詳覆事竊奉憲台覆據中衞縣王令樹枏稟

懇請撥營籌費續修紅柳溝以下工程批示祇遵一

案奉覆據稟已悉該縣紅柳溝暗洞冲廢已久工程

浩大請派營勇帮修事屬可行惟所需經費請由倉

糧變價開支一層並未聲明係何項倉糧曾否報部

有案殊屬含糊究竟該令上年修渠係由何款開支

希甘肅布政司迅速查案核議詳覆察奪飭遵此致

等因奉此遵查該縣續修紅柳溝以下之正渠子渠

攸關國賦民生洵為當務之急惟現值和議方成民

心未定又界連蒙境尤須撥兵彈壓以期相安第該

處工程亦屬緊要未便置之高擱本署司覆加酌核

擬請飭現紮中衛之宣威中旅就近將紅柳溝暗洞

迅速開通所請派撥甯標練軍甯夏甘軍協修之處

暫存緩議查前項渠工所需經費上年該令修渠時

曾請變賣倉存陳糧四千石暫歸渠工動用擬將領

單之費歸還借款嗣因倉糧變價一時難於應手稟

請由中衛藜局先行挪借應用俟倉糧變價隨時歸

欵均奉前憲台陶批准照辦在案並未報部茲該縣

續修紅柳溝以下工程應需經費仍請照依前案由

倉糧變價開支至紅柳溝上下渠身既稱尚未復舊

應令該縣一併修復總期工歸實在費不虛糜所有

核議緣由理合詳覆憲台鑒核批示以便飭遵為此

具呈伏乞照詳施行

請札派宣威中旂接修暗洞稟光緒二十七年八月二十五日

竊卑縣七星渠工前蒙派撥宣威中旂步隊修理紅

柳溝暗洞刻下已將西半洞修成東半洞亦經挖開

修作約計九月中即可告竣查此渠綿長一百七八

十里凡四受山水之害數十年前被山水將飛槽暗

洞冲壞田畝荒廢民戶逃亡屢經前憲札議修復因

工費浩大無人倡首興修迨到任之初前制憲陶即

札飭估工修作並派撥四旂兵勇下縣專力興修其

當即履勘通渠繪圖貼說稟請先修渠口進退水閘

並小徑溝飛橋以去咽喉及腹心兩道山水之害此

二處修成然後接開紅柳溝暗洞則次第興作方有

把握陶制憲一一照准期以三年去年六月以前已

將渠口閘工及小徑溝橋工一律告竣開寬渠道一

百一二十里鳴沙州荒田墾復四十餘頃方擬接修

紅柳溝暗洞尾閭一處開墾白馬灘三萬餘畝荒田

而七月間因北方拳匪滋事各旂兵勇或調赴北征

或回防操練此工遂爾停止今春復蒙派撥宣威中

旂接續修作以竟全工此洞一成則下可開二三萬

畝之田通渠大利全在於此但洞成之後以下渠道

長四五十里此間久荒成廢曠無居人非藉兵力開

挖萬難墾復昨奉總理營務處布政使何札飭案蒙

憲台批據署寧夏湯鎮來文核興該營務處所稟相

同自應如議將甘軍兩營改駐寧靈寧安一帶以期

一五五

聲勢聯絡惟宣威中旂步隊尚在幫修渠工應否俟

工竣再行更調抑或留隊作工仰即分別轉移遵照

妥籌辦理此札等因仰見憲台籌畫精詳因利利民

之至意竊以卑縣渠工正在功虧一簣之時深恐廿

軍不習工作功虧垂成不如仍飭宣威中旂始終其

事以資熟手其係為國課民生起見可否之處伏候

鈞裁

督憲崧批據寧夏鎮申報留隊接修七星渠暗洞工

程各情一案奉批據申已悉仰甘藩臬司查照飭知

繳十一月初三日

臬台潘批宣威中旂步隊修理七星渠暗洞功在垂

成此次寧夏總鎮湯抽調該旂赴寧夏府城駐紮原

議俟渠工告竣再行開拔業經詳奉督憲批准在案

據稟前情仍候咨請寧夏總鎮湯轉飭遵照辦理仍

候督憲暨布政司批示繳九月初九日

紅柳溝暗洞工程告竣稟九月十八日

案奉前署藩司潘詳准卑縣續修紅柳溝以下之正
渠子渠攸關國賦民生洵為當務之急飭令現繫中
衛之宣威中旅就近將紅柳溝暗洞迅速開通等因
由府轉行下縣奉此竊查紅柳溝山水發源於平遠
一帶之羅山駛出南山入卑縣紅柳溝以達黃河每
當六七月間大雨時行山水暴漲高二三大挾況帶
沙勢極汹湧其性鹹鹵最足害田七星渠水由東達
西當年紅柳溝修環洞五空渠水由橋洞上流山水

由橋洞下渡乾隆年間環洞被山水沖決改修暗洞

使山水由洞上過渠水入洞由地中暗行白馬灘遂

成富庶之區年年豐稔道光年間暗洞損壞渠水不

通白馬灘三萬餘畝之田遂就荒蕪人民逃散無一

存者至今且數十年矣自後當事者屢議興修歲歲

委員勘估工費皆以費用浩繁而止某檢查舊冊即

此一洞估費至數萬餘金猶復人人畏難無敢承辦

前督帥陶以七星渠為中衞水利之大宗國課民生

之所係決意興復因飭其到任踏勘通渠興廢之由

利害之所在並命詳陳辦法繪圖貼說其詳勘此渠

長一百七十八里渠道淤塞來源不旺即將暗洞修

成而下游之田乏水灌溉亦為徒勞罔功之舉渠口

山水為通渠大患於是詳請建立進水退水二閘以

利咽喉小徑溝山水為通渠腹心之患於是詳請建

築飛橋以達渠水於鳴沙州一帶此二處工程告竣

然後接修紅柳溝暗洞則次第興工事有把握方不

一六〇

至鹵蔡償事枉費工力陶憲一一批准照辦並撥派

四旂兵勇下縣幫同修濬自去年三月開工至七月

止工已將渠口之進退水閘小徑溝之橋洞一律告

成開通渠道一百一十餘里渠水暢流田禾概行普

種鳴沙州一帶荒田墾復四十餘頃方經稟准接修

紅柳溝暗洞續開白馬灘田嗣因北方軍務紛興各

旂營勇或調赴北征或回防操練此工遂爾停止和

議定後今歲復蒙派撥宣威中旂步隊幫同接修紅

一六一

柳溝暗洞以竟全功某與溫旆官澤林商酌先將暗

洞挖開一段相視當年如何作法然後購料與修免

至冒然誤事此溝山水終年不絕因於西半洞圍築

高堤逼水由東半洞上流駛以便開洞與工西半洞

成功再築圍堤於東半洞使水由西半洞上流駛如

此方免水淹之患自四月初一日開工洞中泥石交

纏開挖三月有餘始見舊時形迹其作法上蓋下底

俱用鑽子大石兩牆係三和灰土築成洞身之兩旁

底蓋則用油松大木裝修渾淪無縫查驗梁柱板片

未經沖脫者質理甚為堅實當年創造之善人人稱

歎其仿照舊規從新修造購添木石等料其梁柱板

片則較前增大增厚兩墻仍用三和灰土築成計洞

長東西二十四丈空寬九尺高五尺五寸兩墻各寬

一丈一尺兩墻內外豎柱五百二十八根墻內裝板

厚三寸蓋板底板厚四寸均長二十四丈壓底板一

百三十二塊頂上大梁一百三十二根壓梁一百三

十二根東西洞口大梁二十四根托洞口大梁四根

頂柱八根蓋底兩牆均以石灰桐油糯米麻絨填築

合縫蓋板及石牆之上舖築膠泥厚五尺寬三丈七

尺長二十四丈分築堅實之後再舖鑽子夾石仍照

前法用桐油石灰等填補石縫石上又舖築膠泥二

尺兩旁上下鎖以木樁迄九月下旬工始完竣山水

迤過點滴不漏現在工匠兵勇修築兩岸八字石牆

不日即可完工此洞既成則通渠山水之害均已消

除明歲之工只開白馬通灘以下渠路荒廢之田重

新得水一年之內即可領墾復額矣至於一切工程

可否派委本府就近勘驗以昭核實之處出自鈞裁

督部崧批所稟修築紅柳溝暗洞竣事情形備悉該

令於此項要工慘澹經營卒能克竟厥功使數十年

荒灘一旦變為沃壤小民深受其福閭之殊堪嘉尚

仰甘藩司即飭寧夏府就近驗明詳細繪圖貼說呈

費察核仍將該令先行傳語嘉獎可也繳十二月初

七星渠下段白馬灘一帶請籌款開通渠道稟

竊卑縣七星渠之紅柳溝暗洞業於十月間修造完

竣稟明在案查七星渠溉田七八萬畝渠道長一百

八十里其上段為新寧安寧下恩和三莊中段為鳴

沙州一堡下段為白馬通灘其自去歲修建渠口之

進退水閘上段礆鹵之田均成沃土小徑溝橋洞皆

成之後鳴沙州中段之田開墾四十餘頃紅柳溝暗

洞為白馬灘下段咽喉而田畝荒廢之最多者亦在

白馬灘一帶此洞告成則全渠無復山水之災而白

馬灘以下荒田即可次第招人墾種惟洞下渠道尚

有六七十里未經挑濬此處曠無居人無夫可派又

近洞十里被山水沖塌渠身二處必須避水開山另

尋渠路此十里中層山疊嶺施力頗難以下五十餘

里則一望平原易於工作九月抄間寧夏湯鎮與某

沿渠踏勘約估此工非四㫮兵勇開挖八閱月不能
竣工竊以營勇工作姑無論其人數足額與否而一
日之內除飲茶喫飯歇息往返之外即認真工作至
多不過四時而曠野荒山之內運水有費運柴炭米
麪有費置辦鍬鑱筐擔繩索一切渠工應用之物有
費每月每節犒賞有費即此數項已在千金以外倘
不肯認真工作恐八閱月亦不能告竣若以加餉津
貼一項改僱民夫四百名每名每日給銀一錢則估

計工作四閱月可以畢工民夫之作工也披星帶月

朝出暮息每人皆自帶乾糧自攜器具山坳土洞皆

可棲身既無曠日之工又省無名之費春夏之交青

黃不接以工代賑亦可為本地窮民餬口之資某擬

於每莊提民夫數十名以足成四百名之數即擇其

地公正耐勞紳士四人每人責成管領一百名而即

以前督魏所委幫辦七星渠之革職副將喻東高督

帶工作約計四月工值在五千兩之譜與四旗營勇

八月加餉之費不甚相懸查此渠正在功虧一簣之

時其勢萬不能中輟究竟催夫派勇及如何籌費與

工之處伏乞憲臺酌核批示以便遵照籌辦

督部崧批據該縣稟七星渠下段白馬灘一帶請籌

款開通渠道一案奉批查紅柳溝暗洞為白馬灘下

段咽喉自應一律挑濬以興水利據稟派撥民夫較

營勇省費易於成功應准照辦惟前據王令進省面

稟即以營勇津貼改僱民夫足資應用茲據稟報約

需銀五千兩之譜與加餉不甚相懸自係核實估計

仰甘藩司即飭該令斟酌開辦本督部堂惟責其成

功至於詳細辦法應由王令隨時察看情形妥籌辦

理以一事權此繳光緒二十八年二月初三日

署臬台黃批據已悉該縣白馬灘渠工擬招僱民夫

修理即以營勇犒賞之費移充民夫口食所擬甚妥

仰候督憲暨布政司批示繳正月十三日

請借用釐金局銀兩開工稟光緒二十八年二月十一日

敬稟者竊某稟卑縣七星渠下段白馬一帶請籌款

開通渠道一案奉藩司札開轉奉督憲批該縣紅柳

溝暗洞為白馬灘下段咽喉自應一律挑濬以興水

利云云等因奉此合亟札飭札到該縣遵照院批內

事理妥籌辦理毋違此札等因奉此某查現在天和

凍解三月二十以後即擬開工興作招夫之費應用

在急懇乞憲恩批飭釐金總局行知卑縣釐局委員

由某在於該局就近領用以濟要工實為公德兩便

札中衛縣四月十五日

藩台何札中衛縣王令知悉案奉督憲崧批據該縣

禀七星渠工懇請就近在卑縣釐局領取銀兩禀由

奉批據禀并另單已悉白馬灘渠道既已招夫開工

所需工費應由中衛釐局先行撥給銀三千兩以資

應用如有不敷准隨時備文請領應用仰甘藩司即

移稅釐總局轉飭遵照併令該令督率民夫趁此天

氣和暖加緊挑濬早完厥功仍俟工竣詳細繪圖貼

一七三

說呈請委驗造報繳等因到司奉此除移知甘肅釐

金總局轉飭中衛釐局先行撥給銀三千兩以資應

用外合行札飭札到該縣遵照院批內事理刻即派

差具領應用督率民夫趁時挑濬早完厰工一俟工

竣繪圖貼說呈請委驗毋違此札

起夫示七月初一日

照得七星渠紅柳洞去歲業已修成今年迭奉列憲

札飭開挖白馬通灘渠道在案本擬春間民工告竣

即起夫開濬以顧要工旋據七星渠委管等稟稱立

夏以後農功忙迫懇乞夏收已畢再行按畝起夫不

過四十日工程即可一律告竣本縣當即體念民艱

暫緩工作刻下夏禾業已登場急應趕派民夫開工

興作合行出示曉諭為此示仰該渠委管及軍民人

等知悉本縣定於七月初十日按照各莊堡田畝攤

派民夫每夫一名作工四十日每日工價銀一錢有

願領米者每日領小米二升五合有願領地者作工

十一日領地一畝其工價概由紅柳溝局中持條照

領不准絲毫拖欠弊混此工業經本縣通稟及督憲

奏准之案倘有抗違不遵或藉詞延宕種種情弊仰

該委管等指名稟究以憑提案懲辦絕不寬容切切

特示

報明公出稟七月初八日

竊卑縣七星渠工自紅柳溝以下七十餘里尚未開

挖去歲業經稟明憲臺招夫修作奉批允准在案查

清明至立夏前後向係民間自行修理渠工之時工
竣以後放水種田農工忙廹故自夏收以前民間實
無夫可招三四月內僅催得南山民夫一百餘名開
通渠道七里有餘現值夏收已畢農有餘間因與該
處首士商起七星閣渠民夫共一千名定於七月初
十日開工每夫每日照稟定工值隨作隨發某即於
初九日到工常川督作以期迅速畢工惟該處距縣
城一百九十餘里往返需時縣中一切上下公事勢

難兼顧已由某暫委唐典史鴻勳代行代拆合行稟

明所有公出日期理合報明憲台鑒核示遵

白馬灘渠道開通竣事稟八月二十九日

光緒二十八年四月十五日案奉藩憲札開轉奉督

憲批據白馬灘渠道招夫開工所需經費應由中衛

釐局先行撥給銀三千兩以資應用云云等因奉此

其自光緒二十五年到任之後即蒙前督憲陶札飭

修復卑縣七星廢渠振興水利某履勘地勢設法興

修經營三載始將閘壩橋洞一切杜禦山水要工次

第修造去歲紅柳溝暗洞作成之後白馬灘渠路咽

喉始通而灘地荒廢將近百年舊日渠形杳無蹤跡

且洞下渠道被山水沖斷者三處開山改河工大費

鉅用力頗艱去年寗夏湯鎮估工謂非四旅營勇開

挖一年不能蕆事茲奉札之後上下查勘估計工費

與該首士商議期以兩月畢工惟春夏之交正民夫

自行修濬渠工之日無夫招僱僅覓得山民一百六

名開渠四十月自分水閘以下至紅柳溝暗洞止共

開通渠道七里有餘夏禾收後民力稍閒遂定期於

七月初十日大興工作照七星渠按畝出夫之法每

田二十五畝出夫一名共得夫一千二百名每夫每

日給銀一錢以為口食景住居工所上下督作自七

月初十日起至八月二十五日畢凡做工四十五日

開通大渠自紅柳溝暗洞以下至乾河子計長八十

一里洞下六里渠寬六丈深五丈再下渠身舊為山

水冲斷遂開山鑿渠十二里寬三丈深三丈再下二

十里渠寬三丈深一丈五尺再下二十里渠寬二丈

五尺深八尺再下十里渠寬二丈深六尺再下十三

里至稍渠寬一丈五尺深四尺又開大支渠二十一

道共長一百五里總共合計共開渠道一百八十六

里紅柳洞上七里修分水石閘一座長三丈寬一丈

深一丈修紅柳洞上下石牆四座各長二丈寬八尺

高二丈洞上改山河一道長一里寬十丈築土堤一

道長一里寬二丈洞下三里築土壩一道長五丈寬

八丈高二丈再下一里修通渠石洞一座長三丈寬

七尺高一丈六尺再下二里補山一道長一百一十

丈寬二十丈高二丈築畩水草壩五座各長二丈寬

一丈五尺高一丈改山河二道長二里寬三丈築土

堋兩座各長五大寬五丈高一丈五尺再下十里築

小山水溝土壩二座長五丈寬四丈高二丈再下十

二里築大山水溝土壩一座長一丈寬八丈高三丈

再下八里築土壩二座長二丈寬二丈高一丈再下

三里築土壩一座長一丈二尺寬二丈高八尺工畢

之後業已放水試驗大有建瓴之勢目下白馬灘一

帶逃亡之戶見渠成水足領地者紛紛而至容俟文

領完畢再行稟報至民夫工資及泥灰草石一切用

費查算之後即行造冊報銷所有白馬灘渠工完竣

大概情形合先稟聞再七星渠一切工程均已報竣

容由卑縣將通渠情勢詳細稟陳繪圖貼說稟請委

驗批示祇遵

督部淞批據稟該縣修築白馬灘渠工既已告竣試

驗水到渠成覽稟實深欣慰仰甘藩司即移寧夏道

前往查驗是否工堅料實有無浮費出結繪圖呈費

查核一面將費用各項逐細造冊詳請核銷切切繳

十月二十二日

重修中衛七星渠本末記卷下

中衛知縣王樹枬輯

在工文武員弁首士請獎稟九月初七日

案查光緒二十六年閏八月初十日奉本道本府札

開准署藩司何移奉督憲魏批本道府稟覆會勘中

衛縣七星渠工經該道府會同勘驗均屬工堅料實

足資經久閱稟實深歡慰王令樹枬於前項渠道竭

力經營不辭勞瘁卒能克竟厥功實屬異常出力各

員弁聽候專案具奏分別酌請獎敍以示鼓舞其首

士人等應先酌獎功牌者并准王令查開職銜呈候

填發等因轉行下縣奉此竊查七星渠所開大利全

在鳴沙州白馬灘兩處彼時祇將上中兩段閘壩橋

梁一律修成渠道開通一百餘里自去歲奉憲台札

飭接續興修紅柳溝暗洞開濬白馬通灘渠道仰承

訓示並蒙籌給工費兩年之內始將暗洞修成開通

渠道八十餘里百年廢渠一旦全復荒田逃戶開墾

招徠逐漸復業此皆我憲台軫心民瘼實於民生國
計大有裨益此渠自光緒二十五年經始其中撥勇
招夫屢因變端時輟時作雖係四年之久然按時合
計不滿一年其營勇之勤勞民夫之奮迅皆係各於
官首士誋真督率故能克集厥功而首士等起夫起
車籌工籌料終年奔走露宿於雪地冰天炎風醋日
之中尤為異常出力伏讀同治元年上諭御史劉慶
奏考歙州縣應以招集流亡墾闢地畝為要以此二

事為課績之本等語軍興以來地方民多流徙地半
荒蕪全賴牧民之吏加意撫綏盡心招徠庶幾田廬
可復戶口日增嗣後各州縣官有能招集流亡開墾
地畝盡心民事者即著該省督撫藩司隨時登之薦
牘以備擢用務期有禆實政不得徒託空言以奠民
生而飭吏治欽此而近年以來又屢奉明詔諄諄以
墾荒田興農務為當今之急卑縣軍興以前鳴沙州
白馬灘最為一縣富庶之區自渠水不通民戶逃亡

田皆荒廢某到任迭奉列憲札飭修復此渠不惜工

費期於必行該首士等踴躍奉行卒收辇策辇力之

效兹奉承憲示分所應為不敢仰邀獎叙而前後在

事之文武員并及首士人等不無微勞足錄可否仰

懇憲恩由卑縣開單專案奏請獎勵之處伏候鈞裁

批示祇遵

倉糧變價稟　九月十五日

光緒二十八年七月二十六日奉憲台札飭奉督憲

一九〇

蒙批本司詳覆核議該縣申報續修紅柳暗洞羅過

倉糧一案由奉批中衛縣興修紅柳溝暗洞需用經

費本有倉糧變價開支之請嗣因變價一時難於應

手稟准由中衛籌局先行撥借銀三千兩以資應用

如有不敷准隨時備文請領是前項修費業有籌金

借款自毋須再行提動倉糧致滋轇轕至從前出糶

若干應令收穫地價及時買補歸還以重儲峙毋任

稍涉玩延仰即飭遵并令將辦理情形具文報核繳

等因到司奉此合行抄詳札飭札到該縣遵照辦理

仍將辦理情形通報查考毋違等因奉此查光緒二

十五年菜稟修卑縣七星渠工請仿照各州縣變賣

倉糧濟餉濟賑兩項將卑縣存儲霉變之糧變賣市

斗四千石以作渠費將來由白馬灘領田價內收還

交庫蒙前督憲陶批准於光緒二十六年變賣新陳

倉糧市斗三千八百石計中衛市平銀六千九百七

十兩業經稟報立案光緒二十六年十二月內稟請

籌費續修紅柳溝暗洞工程業蒙憲臺核准仍照前

案由倉糧變價開支於光緒二十八年三月內變賣

霉變倉糧市斗二千二百石計中衛市平銀四千二

百八十兩至此次稟請開通白馬灘渠道招僱民夫

工費批准由卑縣釐局撥給銀三千兩如有不敷隨

時備文請領應用此項與前兩次倉糧變價均奉有

札飭遵行在案查前兩次倉糧變價率係霉變陳糧

不便久儲致滋朽爛因公動用將來由地價內收銀

一九三

交庫兩得其便歷查卑前任倉糧變價交庫皆係如

斯辦理今若以霉變陳糧之價再買新糧勢必不敷

而入秋以後糧價大漲採買尤不易惟有仰懇憲

恩俯念此項係因公動用之款允准仍照前兩次批

准之案將來由白馬灘領獲地價內解交憲庫立案

施行所有倉糧變價交庫緣由理合稟請憲台鑒核

批示祇遵

全渠告竣稟九月初四日

竊卑縣擅黃河之利大河南北大小渠二十餘道惟

河南之七星渠為最大延長一百八九十里灌田六

七萬畝其中凡受山水之害四處渠口繋逼山水為

全渠之害渠口下七十里為小徑溝山水小徑溝下

五里為豐城溝山水豐城溝下三十五里為紅柳溝

山水此四水者挾泥帶沙一經入田鹹鹵不毛變為

斥壤舊年渠口山水與河水並流入渠夏秋之交山

水暴漲沖斷渠身上游田畝年年有乏水之虞道光

年間小徑溝環洞紅柳溝暗洞先後為山水沖壞鳴

沙州白馬灘兩堡田畝一概荒蕪民戶逃亡悉成赤

地至今將及百年前此列憲屢次札委寧夏鎮道勘

工皆以山河之害無法挽回且工大費鉅畏難而止

某自光緒二十五年到任之後奉前督憲陶札飭興

修並蒙派撥四旗營勇下縣協同修作某相度形勢

因地制宜乃於渠口之上築山河大壩一道曲折以

抵渠口築映水大石墩六座使山河之水折而入黃

並於渠口之下二里之鷹石嘴建進水石閘三空退

水石閘二空接連築跳水矮石埑一道以為開閉蓄

泄之宜於是渠口山水之患息新窩安龐下五堡田

畝恵變膏腴小徑溝環洞湮没無跡其改建飛橋使

渠水從橋上通渡山水由橋下流行於是鳴沙州渠

水始通開墾荒田四十餘頃流亡復業者四百餘家

去歲又蒙憲台派撥防營一旅埗同民夫將紅柳溝

暗洞修復使渠水下渡山水上行於是白馬灘渠水

始通今年又開通渠道八十餘里開支渠二十一道

舊歲逃亡之戶領地承墾者紛紛不絕將來尤畢之

後荒田地畝共有若干容俟詳細造冊另續稟報某

開辦此渠經營三載一切開洞要工均經歷年稟報

委勘在案通計開通渠道一百九十餘里自渠口至

乾河子渠稍而止上游寬自二十丈至四五丈不等

下游寬自四五丈至三二丈不等乾河子下尚有地

數十畝將來渠道自領自開特田戶一手一足之力

一九八

不必由官督辦矣所有全渠告成謹重叙大暑繪圖

貼說稟請憲臺鑒核可否札委本府查勘之處伏候

裁奪批示祇遵再某承修此渠凡費用銀二萬餘兩

除倉糧變價及釐金借款不計外某自行墊辦四千

餘兩渠口之閘壩及小徑溝之飛橋已經造報在案

去歲所修之紅柳溝暗洞及今歲開通白馬灘渠道

之民夫工資容俟分案造報以昭覈實合併聲明

謹將全渠圖說擇要呈覽

山河大壩

渠口逼近山河為全渠咽喉之患山河源出平涼滙

固原平遠一帶諸水從渠口上一里餘山峽而出歲

為渠害因建山河大壩自西南山根折而東北直抵

渠口凡長五百六十二丈寬二十丈高三丈今年又

於沿壩築大映水石墩六座每墩各長三丈高二丈

五尺寬一丈五尺抵禦山水折流入黃使全渠不雜

山河之水近三二年內山水不復入渠庶鹵之田已

變膏腴大著成效若每歲春工培高加厚可以永保

無山水之患

進退水閘

渠口下二里餘在鷹石嘴山下建進水閘三空退水
閘二空此閘成於光緒二十六年閘底淘至石底密
釘木樁上鋪紅石底塘凡寬七丈長二十丈進水南
邊墻寬一丈長八丈進水中二墩皆寬一丈二尺長
一丈六尺分水石墩頭寬一丈五尺尾寬四丈長八

丈退水中墩寬一丈五尺長三丈退水北邊墩寬一丈六尺長三丈五尺進退水閘每空皆寬一丈六尺退水閘係當年正渠今改作退水另依山開新渠一道凡二里餘下接原渠自渠口至此閘其間沙泥石子全靠退水閘疏泄以省人力用水之時則閉退水閘開進水閘入渠以灌田萬一山河暴漲冲決則閉進水閘開退水閘使泄入黄河若水再大則從跳水矮墀上翻出使渠身無淤塞冲決之患凡水之大小

皆記有分寸以為啟閉之準俱有水手終歲看守

跳水矮堰

跳水矮石堰與退水閘接連至西北高灘長四十三丈寬一丈三尺入地一丈出地三尺此防河水暴漲退水閘宣洩不及則使水從矮堰上溢出入黃金渠水制以此堰為慶水平此堰則渠水恰足用再大則由堰上翻出不至有決渠之患全渠得勢全在於此

小徑溝飛橋

小徑溝在渠口下七十里舊為環洞度水道光年間

洞為山水沖壞鳴沙州五營田畝一概荒蕪人民逃

散光緒二十五年前寧夏道胡升司改建木槽度水

無多一年即圮今改為飛橋單洞洞下釘木椿上鋪

鑽石洞上駕大木樑鋪厚木板以桐油石灰彌其縫

以石板鋪平底堂以羊毛膠泥鋪厚一尺上築黃土

二尺五寸又通長二十丈寬十二丈鋪膠泥一尺堅

築之得六七寸復以黃土夯築三尺許適與上下渠

平兩邊土堘各寬三丈五尺高八尺中留渠道兩丈

前後置以水平以為淺深記識洞長凡九丈寬一丈

一尺高一丈石邊墻東西前後四座各長四丈七尺

五寸今已三年滴水不漏渠水上渡山水下行盛漲

十餘次屹然無恙鳴沙州自此橋成後田畝盡關永

無缺水之患

豐城溝雙陰洞

此係舊洞在小徑溝下五里渠水從洞上渡山水從

洞下渡光緒二十六年培修完具此洞夏秋之際始
有山水

分水閘

此閘在豐城溝下十七里亦係舊有損壞不完今歲
始重為建築長三丈寬一丈深一丈是閘為鳴沙州
白馬灘分水樞機開之則水灌鳴沙州田畝閉之則
渠水下流灌白馬灘田畝亦有閘夫看守以時啟閉

紅柳溝暗洞

是溝山水最鉅查乾隆二年寧夏鈕道創建橋洞五

空甫成即圮不知何時改為暗洞乾隆四十年後冀

今重修至道光年間即為山水冲壞白馬通灘田畝

荒廢民戶逃亡至今無議修復之者去歲始照舊製

重築署為變通洞長東西二十四丈空寬九尺高五

尺五寸兩墻用灰泥三和土築成各寬一丈一尺洞

之上下左右全用大木裝成兩蓋以泥石渾淪無縫

今歲牧水洞堅而利山水送發駛從洞上流行滴水

不漏渠水下趨白馬灘田畝有建瓴之勢

通渠洞

此洞在紅柳溝下四里有南山小水經過渠身昔時建有此洞使山水上行渠水下渡洞壞已久今歲始為修復長三丈寬七尺高一丈六尺

補山開山

通渠洞下二里舊渠在山中紅柳溝山水繞行而南山崩渠斷今秋開渠補山一百一十丈並修映水草

壩五座以禦山河南下對壩將山河改直東下開河

二里此處最為要工以下又開山十二里以作渠道

下游所築各土壩皆係南山小水冲斷之處水不常

見無關緊要

退水閘九座

自三道閘至鹽池閘皆係退水凡九座渠身延遠挑

挖不及泥沙所積皆賴閘中扯退較人力尤大且易

小徑溝上應增退水閘一道以泄八畝灣之沙紅柳

溝下十五里應增退水閘一道以洩山內之土將來

由民間自行籌費補作

督部崧批據稟該縣修築七星全渠工程一律告竣

洵屬辦事認真深堪嘉許仰甘藩司即移寧夏道查

照前飭前往一併查驗結報一面將費用各項核實

造冊詳請核銷切切緻圖摺存十一月初四日

寧夏道勘驗渠工稟光緒二十九年正月十五日

竊職道前准藩司來移奉憲台批據中衛縣稟七星

渠白馬灘渠工一律完竣大概情形一案奉批據稟

該縣修築白馬灘渠工既已告竣試驗水到渠成覽

稟實深欣慰仰甘藩司即移寧夏道前往查驗是否

工堅料實有無浮篩出結繪圖呈實查核一面將費

用各項逐細造冊詳請核銷切切繳又准來移奉憲

台批據中衛縣王令稟陳七星全渠一律告成繪圖

貼說呈請鑒核稟由奉批據稟該縣修築七星全渠

工程一律告竣洵屬辦事認真深堪嘉許仰甘藩司

二一

即移寶夏道查照前飭前往一併查驗結報一面將

費用各項核實造冊詳請核銷切切繳圖摺存等因

奉此即定於十二月初一日起程前往勘驗全渠各

項工程業將公出及旋署日期具報在案職道由寶

起身於初五日馳抵寶安堡晤見王令於初六日先

赴七星渠口逐處巡視查渠口及小徑渭谷工前於

二十六年職道遵札驗報有案距今隔三年此次復

驗得原修進退水閘山河大壩迭經山水漲發屹然

無恙實屬翠固而跳水矮埧尤為得力隨即沿渠踏

視小徑潚飛橋經王令用木梁木板做成兩邊橋洞

均用石墻渠水上流山水由下而過茶仍完固此橋

係鳴沙州咽喉自修成以後水澤足用斥鹵之田悉

變膏腴之壤流亡復業者已數百家生機可期日盛

初七日復查紅柳潚暗洞東西長二十四丈此洞地

勢低下全用大木製成上以巨石泥土堅築山水上

行渠水由洞中流出必無滲漏之患方免淤塞之虞

但時值隆冬積水結冰數尺暗洞木工未能進內勘

視此處實為白馬灘喉路以下山路崎嶇於是舍車

換騎緣渠道前進一遇有冰之處舍騎步行詳細查

勘今歲報修各工通渠洞係就舊基略加補葺以下

舊渠久已填没而倚山作埧又被山水冲斷今王令

開山十二里新築土埧一百一十丈與原報丈尺尚

屬相符惟此工仍須明年春工之際加高培厚庶資

永久其下新開渠道八十餘里子渠二十一道并添

築谷土壩亦與做法相符以水平量度頗有建瓴之

勢第自馬灘地三萬餘畝皆在渠稍地勢高阜得水

不易必須渠寬水旺方足灌溉職道與王令商議自

鹽池閘以下渠身分作三年每年開寬四五尺可再

開寬一丈有餘通渠洞以下渠身亦一律加寬則白

馬灘永無缺水之處刻因今秋河水低落以致未滿

冬水領地者尚在觀望明春如能水澤暢流必能踴

躍但補偏救弊尤須善繼其後終始不懈斯徵實效

誠如藩司續移奉憲台批該縣王令稟請造報紅柳

溝暗洞及開通白馬灘渠道工費案內有云將來歲

修應如何籌款如何報銷是明知渠工實難一勞永

逸必須春工認真補修方資經久早在洞鑒之中今

職道統核全渠各工用款二萬餘金經營四年之久

開山改河築壩修堤及一切開洞石墻各工相地制

宜工繁而鉅王令不辭勞瘁卒底厥成為數堡生靈

開無窮之大利實非尋常勞績可比應如何從優議

叙之處出自尊裁非職道所敢擅擬至該渠首事等

炎天凍地效力三年雖駕馭之得宜實急公之足尚

可否仰懇憲恩俯准擇尤給獎以示鼓勵所有勘驗

七星全渠完竣各工除用款清冊已由王令逐詳請

銷外茲取具保固甘結加具印結並繪圖貼說稟呈

憲台鑒核批示祗遵

督部崧批中衛七星渠等工既經該道逐段勘驗均

屬工堅料實足資經久所有用過一切經費應俟造

二一七

冊寶院以憑飭司核銷至王令經修渠工于役數載

殫精竭慮卒底厥成實非尋常勞績可比應由司核

明專案詳請奏獎以昭激勸其出力首事人等昨據

王令稟請酌給功牌已飭開具年貌籍貫清單呈候

填發仰甘藩司即便轉移遵照幷飭該縣將紅柳溝

新築土壩乘此春融加高培厚妥為修治庶期一勞

永逸白馬灘地勢微高得水不易所擬自鹽池閘以

下渠身分作三年開寬培修尚屬得法併由該道隨

時督同辦理毋稍怠忽切切繳圖結存二月二十四

日

七星渠善後章程稟光緒二十九年正月二十三日

竊卑縣七星渠綿長近二百里灌溉七莊田地為通

縣最鉅之渠嗣經山水冲脫要工民田荒廢數十年

當事者屢議興修皆以工大費繁而止某蒞任以後

歷奉憲檄經營四年自渠口以至渠稍閘洞橋堤均

經告竣山河害絕渠水通流比戶豐盈流亡復業此

二一九

皆我憲台振興水利粒我蒸民之至意但莫為之後

雖美弗彰守成之難甚於創始非嚴定章程通詳立

案泐碑垂世永示遵行誠恐異日奸猾之徒營私害

公藉端攬擾則民生國課所關實非淺鮮謹擬定渠

規三十七條開摺呈覽伏乞憲台鑒核批示遵行實

為公便

謹擬定七星渠善後條規恭呈鑒核

一查該渠實徵糧冊畝數新寶安堡熟田五千一百

五十二畝六分六釐龐莊熟田二千零二十二畝

六分六釐二毫恩存莊熟田五千八百七十畝二

釐恩蔣莊熟田五千九百四十三畝三分恩曹莊

熟田五千二百七十三畝三分鳴沙州堡熟田二

千三百八畝四分九釐又加新墾荒田四千一百

六十四畝分分八釐共六千四百七十三畝三分

七釐查各堡除去在他渠當差及高低不能得水

之田外新寶安堡原田五千一百五十畝應出夫

二百六名麗莊實得田二千畝應出夫八十名存

莊實得田五十五百畝應出夫二百二十名蔣莊

實得田五千五百畝應出夫二百二十名曹莊實

得田五千二百畝應出夫二百八名鳴沙州實得

田五千四百二十五畝應出夫二百一十七名以

上六莊共應攤夫一千一百五十一名自此次議

定之後各莊夫數即照此攤派不准混爭狡賴如

有一名缺脱即將委管嚴究革辦白馬灘田畝丈

頒完竣之後再行稟官詳議夫數定案遵守

一定章每田二十五畝出夫一名作春工四十五日

如渠工浩大春陶作不及酌派秋夫相工之大小

不拘時日總期渠道寬深如法水敷灌溉為止

一每年渠工壩料不拘定數須相度工之大小按畝

攤費定章皆於年前冬至日會同水戶到局議工

每項應費若干開單示眾眾議僉同之後稟官察

核出示以昭大公

二二三

一七星渠向歸民捐民辦每年各莊舉管理渠務首

士一人名曰委管紳民舉報由官牌委刁生劣監

爭充委管侵吞夫料漁肉良民以致貽誤渠工年

年缺水田畝荒蕪人民流散光緒二十四年前督

夏道胡稟定此渠改為官辦各莊委管由官擇委

不准紳民捏名舉報以杜弊端委管之責為農田

水利所關以後應承遵稟定章程紳民營私舉充

者概不予准如該委管等有別項弊端由官察訊究

辦不准劣紳挾嫌妄控攬擾滋事違者革究

一議定委管七名新窜安一名麗下一名存莊一名蔣莊一名曹莊一名鳴沙州一名白馬灘一名但事無總理之人誠恐各莊各顧己私互相推諉今議酌增總管二名經理通渠事件以專責成起夫收料各莊委管任之總管不准經手銀錢而有稽查夫料銀錢及約束委管之責渠工告竣總管會同委管邀集水戶到局認真核算共入若干共出

若干算明之後開單呈交巡檢張示曉衆以昭覈

實

一每歲開工之日各堡將夫冊繕造兩分以一分呈
交巡撿其一分則各堡委管收執以便查核地方

官於開工之日到工親身點夫巡檢則常川駐工

每日點夫如有脫名差提責罰

一七星渠灌漑七莊田畝興工之日同力合作新窗

安麗下恩存恩蔣恩曹五莊之夫由曹家橋以上

起工鳴沙州之夫由分水閘以上起工三日後即

同入大工分段合作淘挖而上至渠口畢工渠口

為全渠之咽喉此處年年河水冲淤石子填塞必

須照稟定寬深大尺章程認真淘濬渠水方能足

用不如法者地方官嚴加懲辦白馬灘荒田領出

之後亦照章按畝出夫由分水閘以下起工至渠

稍而止如渠口工程浩大聽候總管議派與上六

莊同力合作以顧要工

一渠工同力合作如有脱夫每名每日照章罰錢三

百文以作巡檢衙門辦公之費

一各堡民夫開工之日分塘合作由總管會同委管

劃開地段按照舊定寬深丈尺一律修濬不如法

者稟官懲責長渠鍬頭人等從新補工

一渠口為全渠咽喉支水迎水二埧所壓之石多多

益善萬不可偷工減料致渠水有缺乏之虞渠口

宜開寬二十文儘力深淘方敷白馬灘溉田之用

一渠身之土須用背簍移擲後不准貼在兩埠墻

內以免水激風吹仍行淤塞

一通渠田戶以水為性命黠滴之來皆民汗血所致

均當愛惜如金如玉灌田放水取其足用而止不

准黠水放稍棄之道路如查出何田之水淹浸大

路即將口頭提案重懲並將田主酌量議罰以示

警懲

一各子口議作木閘四五處先行試辦稍段田戶前來

封水即由該處委管吩示口頭將閘封閉不奉委

管之命不得擅開如有賄買私開等弊即將口頭

責罰未經作閘者用草一律封閉定限分溉向來

稍段田戶率衆封水常有與上段械鬥傷人之事

以後封水責成口頭稍段只准一二人來知會上

段委管督飭該處口頭眼同封閉以免鬥爭之事

一大小子口共三十六道除大口先行試建閘板外

其餘各口每年各備麥草五十束交口頭經管以備

封水之用如臨時缺失責令口頭賠價

一每年堤塝須加意培護不准農民取土糞田致傷
塝埂

一春冬二水必先封放到稍下段委管持取田戶稍
結為止凡澆灌田畝自下而上由委管定立日限

輪流溉田如有重澆復灌田見二水者查出將田
戶責罰委管通同作弊一併究辦

一渠水大小以鷹石嘴之跳水石塝為準水與塝平

二三一

適足敷用若漫出埠上即開退水閘洩入黃河以

免堤身崩潰之患

一全渠一切閘壩橋洞如有應行修葺之處由通渠

委管估工派錢稟官裁定出示如有抗不遵辦累

害要工者官為提案懲辦以警愚頑

一地方官到渠督工或下鄉封水不准向委管及堡

長等需索供應一切日費絲毫不准累民家丁跟

役均由官發給口食禁索陋規違章者以贓論許

受害之家稟詰

一光緒二十四年前甯夏道胡稟定章程渠甯巡檢

專司渠事每年車馬費制錢一百二十串工房造

冊紙筆費制錢二十串均由壩料內攤派此後應

仍照章遵辦巡檢一款擬俟白馬灘荒田墾熟之

後文出公田二百每歲收租以抵此費用省民間

攤派之累

一總管委管共九名每年每名薪水制錢二十四串

共制錢二百十六串

一渠口總字識一名每年口食制錢二十四串新窗

安恩存恩蔣恩曹鳴沙州五莊字識各一名每年

每名口食制錢二十串龐下一名每年口食制錢

一十串

一新窗安存莊蔣莊曹莊鳴沙州渠長各一名每年

每名口食制錢十二串新窗安長渠三名龐莊長

渠一名存莊長渠三名蔣莊長渠三名曹莊長渠

三名鳴沙州長渠三名每年每名口食制錢八串

一各莊各用伙夫一名馬夫一名新龎共用木匠一

名存蔣曹三莊共用木匠一名鳴沙州木匠一名

新寗安鍁頭四名龎莊鍁頭一名存莊鍁頭四名

蔣莊鍁頭四名曹莊鍁頭四名鳴沙州鍁頭四名

均係民夫當差不領口食

一渠口及雙空閘水手三名專司閘壩以時啟閉山

河雨水漲落隨時稟報委管以備不虞每年口食

制錢一百二十串小徑清水手一名專司飛橋一

遇山水暴發立報委管帶夫守護以免沖崩每年

口食制錢一十二串紅柳溝水手一名專司暗洞

兼管山河大壩及上下堤埧如有損壞立報委管

設法補葺每年口食制錢一十八串通豐閘水手

一名每年口食制錢六串蕭家閘水手一名每年

口食制錢六串鹽池閘水手一名每年口食制錢

八串分水閘水手一名每年口食制錢六串以後

再有重修添築之閘公議水手口食之費

一通渠大子口二十道小子口十六道上長行渠下

長行渠上快水渠李家渠下快水渠五大子口議

定每渠頭口食制錢七串文其餘大子口一十五

道每渠口頭口食制錢五串文小口子十六道每

渠口頭制錢二串五百文

一通渠共設鑼夫一名舊例歸稍段民夫撥充起工

住工聽鑼為號

一新賓安龎莊催差一名存莊催差一名蔣莊催差

一名曹莊催差一名鳴沙州催差一名每年每名

口食制錢二十串白馬灘荒田墾熟之後差人口

食照前發給如有要事呈請添差之處臨時酌議

口食

一渠口之進退水開跳水矮埘山河大壩小徑溝之

飛橋豐城溝之陰洞紅柳溝之暗洞通渠洞下之

大壩為通渠要工皆經一律修築如法以後總管

委管等應年年培護不可漠視設有意外不虞之

事稟官籌款重修若工程不甚浩大則由通渠攤

貴立時補葺上下田戶不得各分畛域貽誤要工

一渠口壩堰之石向在泉眼山左近取用每車山價制

錢六十文車價制錢四十文若他處工程取用紅

石則計道路遠近酌議車價

一通渠需用草束木椿等物麥草每束制錢四十文

木椿每根制錢三十文膠泥車價計里議付

一通渠舊建退水閘七座現在惟三道閘雙空閘通

豐閘鹽池閘四處退水餘皆損閉查渠身延遠尙

挖不及沙泥積塞全靠節節退水以省人工舊閘

多坍塌不完急宜設法重修用資宣洩鹽池一閘

尤關緊要是閘間亦有捐壞之處以後田戶稍爲

充裕應於攤派壩料之時擬出修閘一款次第補

葺以復舊規八畝灣以下全係沙渠人力難施通

渠洞以下渠身綿遠宜於此二處添置兩閘以爲

減水洩沙之用

一三道閘應填塞二道只留一閘已敷退水之用緣

上游鷹石嘴增建退水二閘下游又有雙空閘泥

沙退洩不虞壅滯此閘外連貼柳兩渠往往水手

受賄偷濟貼柳有害本渠以後並責成渠口水手

實心看護如有以前弊端從重懲治

一退水各閘凡桃條草束等一切應用之物責成各

水戶經管如有失損惟該水手賠償

一局中製有水車二件應責成白馬灘委管年年於

灌放春水以前將紅柳溝暗洞車乾積水淘取沙

泥並沿洞察看有無滲漏損壞隨時修補

一渠口向係荒山大漠四無居廬每逢春工興作之

時狂風冷雨無處遮身異常寒苦自光緒二十六

年修建龍王廟渠工局一所委管民夫如有棲身

之地又紅柳溝洞旁光緒二十七年亦建渠工局

一所以後應責成水手加意看護如有損壞立報

委管即時修補以免傾圮

一白馬灘田丈領完竣之後一切章程均照上中六

莊添擬一律遵守不得畧涉

一紳士一舉一動關乎閻堡民生之休戚往往紳士

挾嫌互訟以一二人之私心累及閻堡之公事利

害所係實非淺鮮以後充膺委管者均須潔己奉

公不准包庇折料貽誤要工大戶紳民亦不准因

爭充委管及催收夫料之嫌籍端誣控倘被控之

人訊明無據官即按律懲辦以靖刁風古人有言

和氣致祥乖風致異各堡紳士宜為民息事造福

不可為民生事作孽如犯所戒不但國法具在且

遭陰譴